国家重点研发计划（2022YFC3004602）资助
国家自然科学基金创新研究群体项目（52121003）资助
国家自然科学基金面上项目（52274045）资助

低渗岩石内部流体运移行为及渗透率应力敏感性

郑江韬　鞠杨　龚文波　著

中国矿业大学出版社
·徐州·

内 容 提 要

本书是一本介绍低渗岩石孔尺度多相运移行为模拟及宏观尺度渗透率应力敏感性的专著，汇聚了研究团队十余年来的研究成果，详细介绍了作者及其研究团队近年来关于岩石结构表征、多相运移行为模拟及岩石应力敏感性分析的部分研究成果。全书内容主要包括低渗岩石工程应用背景、岩石内部非连续结构识别与重构、单相气体及多相流体运移行为模拟、低渗岩石应力敏感性分析、油气开发工程应用等。

本书适合高等院校工程力学、矿业工程、石油工程、岩土工程等专业的师生和工程技术人员参考和使用。

图书在版编目(CIP)数据

低渗岩石内部流体运移行为及渗透率应力敏感性 / 郑江韬，鞠杨，龚文波著. — 徐州 ：中国矿业大学出版社，2025. 3. — ISBN 978 - 7 - 5646 - 6699 - 6

Ⅰ. TU45

中国国家版本馆 CIP 数据核字第 2025CW1778 号

书　　名　低渗岩石内部流体运移行为及渗透率应力敏感性
著　　者　郑江韬　鞠　杨　龚文波
责任编辑　何晓明　耿东锋
出版发行　中国矿业大学出版社有限责任公司
(江苏省徐州市解放南路　邮编 221008)
营销热线　(0516)83885370　83884103
出版服务　(0516)83995789　83884920
网　　址　http://www.cumtp.com　**E-mail**:cumtpvip@cumtp.com
印　　刷　苏州市古得堡数码印刷有限公司
开　　本　787 mm×1092 mm　1/16　**印张** 11.75　**字数** 230 千字
版次印次　2025 年 3 月第 1 版　2025 年 3 月第 1 次印刷
定　　价　48.00 元
(图书出现印装质量问题，本社负责调换)

前　言

能源是人类社会发展和进步的基石，我国随着经济和社会的快速发展，对能源的需求量越来越大。放眼全球，当前能源供给依旧以化石能源为主，我国是世界第一大能源消费国，一次能源消费量中煤炭占比过半，同时石油和天然气大量依赖进口，在“双碳”目标下和能源转型过程中，我国能源安全稳定供给面临巨大风险。2021年，习近平总书记考察调研胜利油田时指出“能源的饭碗必须端在自己手里”。国家高度重视能源安全，指出地球深部蕴含大量人类生存和发展所必需的能源和资源，向地球深部进军已成为必须解决的战略科技问题。

随着开采活动的进行，开采深度不断加大，地质构造、应力环境越来越复杂，开采难度越来越大，尤其是所面对的岩石介质表现出低孔隙度、低渗透率及渗透率应力敏感性等特征。例如我国煤炭资源丰富，与煤炭伴生的煤层气资源储量也十分可观，煤层气的有效开发不仅可以补充我国天然气供应，而且可以减少甲烷温室气体的排放，还可以减少煤矿瓦斯安全隐患，有一举三得的作用。然而煤层一般表现出低渗透的特点，且渗透率受开发应力扰动变化剧烈，导致开发效率低、开采成本高等问题的出现。此外，世界油气工业的勘探开发领域，正持续从占油气资源总量20%的常规油气向占油气资源总量80%的非常规油气延伸。当前我国非常规油气产量逐年升高，已高于世界平均水平，但远小于美国近80%的占比。非常规油气资源开发同样面临储层渗透率低、采收率低等难点。此外，高放核废料地质封存、CO_2

地质封存、深部地热资源开发等工程同样会面临地层岩石渗透率演化的准确表征以及地层内多相流体运移行为准确刻画的难题。

上述工程问题最直接的作业对象是低渗岩石，而其内部流体运移行为直接决定了这些工程作业的有效性与安全性。传统手段基于连续介质力学研究代表性体积单元，如岩心的物理力学性质，并基于此分析工程实际问题。然而描述岩心的唯象的宏观参数实际由孔尺度孔隙结构的几何物理性质、多相流体的分布及运移特征所决定，但储层多相流动“看不见、摸不着”，导致准确认识和定量表征储层内多相流体输运行为和控制机理十分困难。

天然岩石内部含有大量尺寸不一、形状各异的微细观尺度非连续结构，如裂隙、孔隙等。这些细观非连续结构不仅对岩石的宏观力学性质（如强度、泊松比、弹性模量等）具有决定性影响，同时其内部单相及多相气体运移行为直接决定了其宏观输送性质。尤其是以下几点值得注意：首先，低渗岩石，如页岩，其内部存在大量纳米尺度孔隙，实际开发中受高克努森数的影响，内部气体运移规律受纳米尺度效应影响，导致表观渗透率高于其本征渗透率。其次，实际开发中地层应力环境不断发生改变，引起储层岩石内部微细观结构的变形演化，进而导致内部输运性质的改变，这对于诸如微裂纹等敏感性结构具有很大影响，甚至可能导致渗透率几个数量级的变化。再次，岩石内部结构形态的复杂性导致内部多相运移行为千变万化，如孔隙壁面粗糙性导致角落流的发生以及由此引发的卡断行为，孔隙拓扑关系的复杂性引起的流体绕流行为，以及非润湿相突破导致的海恩斯跳跃，这些动态演化行为均难以采用扩展达西定律加以准确描述。定量表征低渗岩石内部微细观非连续结构、准确描述其内部多相渗流行为，是实现深地非常规能源高效、绿色开发的关键所在。

本书详细介绍了低渗岩石内部流体运移行为及渗透率应力敏感性，汇集了团队近年来关于岩石结构表征、多相运移行为模拟及岩石应力敏感性分析的部分研究成果，部分内容已经在国内外学术期刊上公开发表。

本书相关研究得到了美国劳伦斯伯克利国家实验室刘会海研究员、郑连阁研究员，清华大学王沫然教授等国际知名学者的指导与帮助。团队杨永明、刘红彬、孙华飞、毛灵涛、彭瑞东、刘鹏、任张瑜、万昌兵老师的通力合作与思想碰撞对本书的成稿有重要贡献。同时也汇聚了研究团队一起工作过的同仁及博士、硕士研究生，他们的创造性思考及辛勤付出亦对本书有重要贡献，主要包括张钦刚、陈佳亮、席朝东、朱彦、雷文海、陈志强、谢驰宇、张力、王梓岩、隋丽丽、赵熙、田开培、张冬霜、王金波、黄耀辉、王里、刘金慧、常巍、王少杰、边宇峰、米孟旭、亓新宝、刘涛、潘博、牛庆佳、田甜等。

本书出版得到了国家重点研发计划(2022YFC3004602)、国家自然科学基金创新研究群体项目(52121003)、国家自然科学基金面上项目(52274045)等的资助，在此深表感谢。

低渗岩石内部结构复杂，内部多相运移行为受孔-裂隙空间几何结构、纳米尺度效应、多相流体性质、毛管力、环境温度压力等因素的影响，准确描述多相运移行为并揭示其主控因素一直是世界范围内的研究热点。实际工程问题一般尺度在百米到千米量级，而这样大尺度低渗岩石的输运性质是由其内部的孔尺度多相运移所决定的，将孔尺度研究进行升尺度用于解决工程实际问题面临诸多挑战，低渗岩石宏观渗透性质受应力条件、环境因素等作用还有诸多问题亟待深入研究。

由于水平有限，书中难免存在不足之处，敬请读者批评指正。

著　者

2024 年 12 月

目　　录

第1章 绪 论

地球深部蕴藏着大量人类赖以生存和发展的能源资源，面向国家重大需求、国民经济主战场和世界科技前沿，深地开发已成为我国的重大科技战略[1-2]。随着开采深度不断加大，地质构造与应力环境愈发复杂，开采难度越来越大，尤其是所面对的岩石介质呈现出低孔隙度、低渗透率及渗透率应力敏感性等特征。深地能源资源的安全高效开发涉及多个研究领域，包括地下结构开挖、钻孔等工程面临的周围岩层的稳定性和安全性，地下流体资源开发及存储面临的气体、液体及超临界流体的运移等问题。

1.1 工程背景

我国是世界第一大能源消费国，根据国家统计局和国家发展改革委发布的数据，2023 年全国能源消费总量 57.2 亿 t 标准煤，煤炭消费量占能源消费总量的 55.3%；非化石能源消费量占比持续提升，2023 年我国非化石能源消费比重为 17.9%，比 2022 年提高了 0.2 个百分点。国家高度重视能源安全，强调“能源的饭碗必须端在自己手里”，在未来相当长时间内，我国能源消费结构中化石能源仍将占据主导地位。据国家“双碳”目标重大战略决策，国际能源署、美国能源署以及中国工程院等十余家机构对中国能源消费和“碳减排、碳中和”情景分析表明：2030 年前，化石能源依然是我国基础能源，到 2060 年，化石能源仍将扮演保障能源和战略资源的重要角色。作为负责任的大国，习近平总书记在 2020 年 9 月 22 日第 75 届联大一般性辩论会上郑重宣布中国“二氧化碳排放力争于 2030 年前达到峰值，努力争取 2060 年前实现碳中和”[3]。因此，研究解决资源开发利用中的 CO_2 排放以及引发的生态环境系统危害已成为全世界共同关注的重要问题。CO_2 地质封存技术被认为是缓解 CO_2 排放导致全球气候变暖的最有效解决方案之一。

准确认知低渗岩石的流体输运及物理力学性质对于深地能源资源开发、

CO_2 地质封存、高放核废物地下封存、地下油气储集库建设等工程至关重要。准确认识与定量表征低渗岩石物理力学性质以及合理解释这些表观性质背后的内在微观物理力学规律已成为全球研究的热点。

1.1.1 深地能源开发

地球深部蕴藏着大量人类赖以生存和发展的能源资源，向地球深部进军是我们国家必须解决的战略科技问题。据统计，当前勘探开采深度世界先进水平已达 2 500～4 000 m，而我国勘探开采深度大多小于 1 000 m，与世界发达国家相比，我国在深地领域的科学研究和工程实践方面仍有差距。伴随着化石能源的大量消耗，全球化石能源开采深度逐年加大，开发对象也逐渐深入低渗储藏中，包括煤层气、致密气、页岩油气、天然气水合物等。据统计，当前世界油气工业的勘探开发领域，正持续从占油气资源总量 20%的常规油气向占油气资源总量 80%的非常规油气延伸。我国非常规油气产量逐年升高，已高于世界平均水平，但远小于美国近 80%的占比。非常规油气资源开发面临储层渗透率低、采收率低等难点。在能源紧缺的刺激下和技术进步的保证下，油气公司已经着手开采以往被认为不适合经济开采的低渗透储层，这些低渗储藏包括致密砂岩气、致密油、页岩气、页岩油以及部分煤层气。在进行这些油气藏开发时，面临着比常规油气藏开发更大的困难与挑战。其中，首要的问题便是极低的渗透率，导致这些油气资源难以产出，进而影响经济效益。近年来，水平钻井技术以及水力压裂技术的进步，使得这些非常规油气资源得以经济开采。但我国非常规油气资源开发面临的地质条件更加复杂，部分地区严重缺水，导致开采成本高。2022 年 4 月公布的数据显示，我国页岩油的开采成本为每桶 50～80 美元，美国的开采成本仅为每桶 30 美元。

在煤炭及煤层气开发方面，我国煤炭资源丰富，与煤炭伴生的煤层气资源储量仅次于俄罗斯和加拿大。经勘探确认，埋深在 2 000 m 以内的煤层气资源总量高达 37 万亿 m^3，其中可开采的部分超过 12 万亿 m^3。中央经济工作会议强调，要立足以煤为主的基本国情，抓好煤炭清洁高效利用，增加新能源消纳能力，推动煤炭和新能源优化组合，狠抓绿色低碳技术攻关。煤炭清洁高效利用工作专题座谈会指出，坚持从实际国情出发推进煤炭清洁高效利用，切实发挥煤炭的兜底保障作用，确保国家能源电力安全保供。要深刻认识推进煤炭清洁高效利用是实现“碳达峰、碳中和”目标的重要途径，统筹做好煤炭清洁高效利用这篇大文章，科学有序推动能源绿色低碳转型，为实现高质量发展提供坚实能源保障。2023 年，我国煤层气产量仅为 117.7 亿 m^3。煤层气的有效开发在补充我国天然气供应的同时，还可以减少甲烷温室气体的排放，降低煤矿瓦斯安全隐患，有一举三得的作用。然而煤层一般表现出低渗透的特点，且渗透率受开发应力扰动变化剧烈，导致开发效率低、开采成本高等难题。当前的煤炭及煤层气开发方式容易导致 CH_4、CO_2 等温室气体的大量排放，从而对人类生存环境造成损害，并对自然界生态系统的平衡产生不可逆转的危害。如何有效地改善煤层透气性、提高瓦斯抽采效果、降低复合型瓦斯突出动力灾害的危险性，成为实现煤炭及煤层气绿色安全低碳开发的挑战性难题。

伴随着化石能源的大量消耗，各国油气开采已逐渐深入低渗油气储藏中。在非常规油气资源开发方面，水平钻井技术以及水力压裂技术的进步，使得这些非常规油气资源得以经济开采[4]。Howarth 等[5]深入探讨了采用水力压裂技术开发页岩气的利弊，指出合理使用水力压裂技术开采页岩气可缓解能源危机，减少环境污染。最先、最成功运用这些技术进行非常规油气藏开采的国家是美国。尤其是近年发生在美国的页岩油气“革命”，引起了全世界的关注，大量具有页岩油气探明储量的国家相继开展了页岩油气开采的研究与实践。我国也拥有很高的页岩油气探明储量，合理开发利用页岩油气，有助于优化我国的能源结构。但值得指出的是，我国页岩油气开发面临的地质条件更加复杂，埋藏深度更深，开发难度也更大[6]。我国深部非常规油气资源开发从根本上需要解决的问题包括：水力压裂储层破裂与裂缝形成机理，复杂孔隙结构内油气运移规律，以及开采过程中储层压力变化导致的基质渗透率变化等问题。

在地热开发方面，我国资源量十分丰富，约占全球资源量的六分之一。根据地热能埋存深度可分为浅层地热能、水热型地热能和干热岩，前两种一般以直接利用为主，如供暖、温泉、水产养殖等。而干热岩地热资源一般埋藏较深，分布在地下 3 000～10 000 m，温度高，大于 180 ℃，孔隙率和渗透率低，一般用于发电。与深部非常规油气藏类似，干热岩地热资源开发一般需要采用水力压裂技术在地层中形成裂隙网络，构造增强型地热系统（EGS），提升地下热储层的渗透性。地热资源的开发可以降低化石能源的消耗，降低 CO_2 等温室气体排放，通过地热发电、地热资源直接利用等方式可以促进清洁能源利用。美国、印度尼西亚、菲律宾和土耳其等国家在全球地热发电装机容量排名中位居前列，我国地热发电装机容量规模则相对较小。提高干热岩储层渗透性，分析高地应力作用下干热岩压裂裂缝起裂规律、换热流体在干热岩内部的运移及渗流换热行为对于深部地热开发具有重要意义。

1.1.2　地下岩层储集空间利用

地下岩层同样提供了宝贵的储集空间，如进行 CO_2 地质封存、高放核废料地质封存、地下油气储集库的开发利用等。地下岩层储集空间利用过程中地层的渗透性演化、地层内流体运移行为对于储集空间的安全有效性至关重要。

化石能源的大量消耗直接导致了大气中温室气体浓度的升高，这也是引起全球气候变暖的主要因素。美国在 20 世纪 50 年代在夏威夷 Mauna Loa 建立观测点，并对二氧化碳浓度进行了系统的观测与记录。2024 年 4 月观测点的二氧化碳平均浓度达 426.57 ppm(10^{-6})，这一浓度已远超第一次工业革命时期的 280 ppm，而基于冰层钻井数据，近 100 万年来大气中二氧化碳浓度也从未超过 300 ppm[7]。当前全球二氧化碳浓度的增长速度还在持续增大，近 60 年大气中二氧化碳平均浓度增长速率甚至超过自然条件下的 100 倍。除地面监测点外，世界各国也通过发射科学实验卫星来监测全球范围二氧化碳浓度，我国也于 2016 年发射了碳卫星监测全球各国二氧化碳排放量。

二氧化碳的地质封存长期以来一直被认为是降低大气中二氧化碳浓度和缓解全球气候变暖的措施之一[8-15]。地质封存场所包括废弃的油气开采区块、难以开采的煤层、盐岩溶腔、地层深部咸水层等。在 CO_2 地质封存的选址过程中，须确保注入岩层具备较高的渗透率，以便大量有效地注入经处理后的超临界 CO_2。同时，这些高渗透率岩层上方应覆盖有极低渗透率的盖层，以防止 CO_2 向上迁移，避免其进入地下水层或重新释放至大气中，从而保护周围环境和生物不受危害。此外，注入区块需要地质结构相对稳定，在很长的时间内不发生地质活动，使得注入的 CO_2 在毛管力作用下稳定在孔隙结构中，或被盖层阻拦停止向上迁移，之后经过地质年时间尺度的化学反应重新固化稳定存储在地下。盖层低渗岩石和二氧化碳相互作用后是否会保持低渗透性或者说良好的密闭性，将直接关系到二氧化碳地质封存的安全性。

与传统化石能源相比，核电能显著减少二氧化碳和空气污染物的排放，在应对全球气候变化的能源转型中，核电是减少化石燃料使用的重要补充。当前核电提供了全世界约 9%的电力，核电凭借其高效能、环境友好性及长期经济优势，正被部分国家积极扩展，以应对未来的能源需求，其中法国核电在其国内电力供应中占比超 70%。然而，核电也面临核废料管理、地震带核电站安全性及公众接受度等挑战，特别是高放核废物的处置，成为亟待解决的问题。而深部低渗岩层内的地下硐室开挖与建设，则为高放核废物提供了一个理想的封存环境。芬兰 Onkalo 深地质储存设施计划于 2025 年投入运营，这将是全球第一个核废料地质处置设施，其建造目的是将乏核燃料埋藏在地下 400 多米深处的基岩中，在未来 10 万年储存核燃料废料。我国同样在积极推进高放核废料地质封存设施的评估与建设工作，已在甘肃北山建立了地下研究实验室，旨在未来为中国核电站产生的高放射性废物提供长期且安全的存储方案。高放核废物具有很长的半衰期，为了保证核废料地下封存的安全性，通常需要考虑上万年的时间内核废料不迁移出封存的岩层。核废料地下封存通常选址在地质条件稳定的超低渗岩层内,如盐岩层[16-17]和富含黏土矿物的页岩层[18-19]。这些岩层具有极低的渗透率,同时在与核废物衰变及相互作用过程中具有微裂纹自闭合性,因此被认为是较理想的核废物封存层。但是需要考虑在开挖地下硐室时原位应力释放可能会使周围岩石内部产生微裂纹,同时存储在地下硐室内的核废物会不断衰变产生热量,使得围压在热应力作用下部分微裂纹张开或闭合,产生潜在的核废物泄漏危险。当前很多国家在高放射性废物地下封存方面取得了不错的研究进展,但真正开始运营的深地质储存设施仍处于初期阶段。

能源的战略储备可以为一个国家提供必要的能源供应,尤其在全球能源市场波动性增加的背景下具有重要意义,地下盐穴、废弃矿井、废弃油气田及地下岩层被用作构建地下油气资源存储库,这些存储设施不仅存储容量大,而且安全性高,经济效益显著。此外,类似于抽水蓄能,盐穴压缩空气储能用空气作为储能介质将电网低谷的多余电能转化为盐穴压缩空气的势能,在用电高峰时加以释放做功发电。盐岩因其极低的渗透率及稳定的地质条件,被众多国家视为理想的能源储存介质及空气压缩储能的首选岩体。盐岩的一大优势在于其可通过水溶法建造腔体,从而避免了开挖带来的破坏。盐岩孔隙率极低(一般小于1%),同时大部分孔隙尺度很小(纳米级别)且不连通。这种极低的渗透率使得油气资源可以稳定地存放在盐岩腔体内部。值得注意的是,油气资源的存入,使得腔体内部压力升高,会导致腔体周围盐岩有效应力的减小。因此,在研究储存安全性与稳定性时,需要研究有效应力变化条件下盐岩渗透率的变化规律。国内杨春和等[16-17,20-22]、武志德等[23-25]团队对盐岩的物理力学性质做了深入的分析。在以盐岩腔室作为能源战略储备方式时,需要综合考虑盐岩渗透率随应力的变化规律。

1.2　渗透性及低渗岩石应力敏感性

渗透性质描述的是材料允许流体通过其内部孔隙、裂隙结构的能力。低渗岩石即指流体通过能力极低的岩石。对岩石渗透性的研究始于油气开采行业,岩石的渗透率被认为是描述储藏的最重要的性质。常规油气藏具有较高的渗透率,意味着不需要或者只需要较少的储层改造,在一定的压差条件下,油气资源便可从储层流入生产井,进而产出。然而低渗岩层必须经过储层改造(水力压裂、酸化处理、热处理等)才可达到经济产出。Stankiewicz[26]指出了多学科合作,综合考虑多方面物理、力学、化学因素对于油气开发的重要性。对于二氧化碳地质封存,低渗岩石经常作为盖层阻止注入地下的二氧化碳继续向上迁移。

盖层的渗透性质和其封存二氧化碳的能力直接相关。对于高放核废料的永久地下埋存,低渗岩石被视为理想的存放层。其中的原因在于低渗岩层可以阻止潜在的放射性物质向外运移,但是需要考虑硐室开挖造成周围岩体的扰动。正是由于这些实际工程的需要,学者们广泛开展了低渗岩石性质的研究。

1.2.1 渗透率测量

对岩石渗透性质的描述可以通过现场实际生产曲线和生产压力来反推储层的渗透率,也可通过现场取心,在实验室可控条件下进行渗透率测量,实验室测量为准确认知储层渗透性质提供了最基本的方法。常规岩石渗透率测试方法基于达西定律,用气体(氮气、氦气或空气)或液体(水或油)作为流体介质,采用恒速或恒压条件,达到稳定平衡后,通过流速、压力及流体介质黏度换算得到样品的渗透率。

然而,与常规渗透率岩石相比,低渗岩石的渗透率测量面临更多挑战。首先,由于岩石极低的渗透性,所以流体穿过岩石样品并达到稳定流动的状态需要很长时间[27-28]。为了克服稳态法需要较长的测量时间的问题,Brace 等[29]提出了使用压力脉冲法来测量岩石的渗透率。其基本原理为,在岩石样品一端施加一个脉冲压力,通过两端流体压力的变化规律来获得岩石的渗透率。类似的方法有在岩石一端施加正弦波的压力并记录另一端压力的变化来获得岩石的渗透率。与压力脉冲法基于圆柱形样本不同,另一种快速渗透率测试方法,即碎屑压力衰减法的测试样本是岩石碎屑[30]。这种方法是将岩石碎屑放入测试腔内,并给测试腔一定的气体压力,通过记录测试腔内气体压力的变化来换算岩石的渗透率。这些测试方法各有利弊,稳态法与实际地层下的流动情况类似,但所需测试时间较长。动态测试方法速度快,但是并不能模拟实际地层情况,并且需要额外的参数。具体在实际情况中使用哪种方法需要基于测试时间和测量精确度之间进行权衡。

其次,采用气体作为流体介质时,低渗岩石渗透率测量受到滑脱效应或称克林肯伯格效应[31]的影响。低渗岩石内部的流体运移通道通常在微纳尺度,在测试所用的压力条件下,分子的平均自由程与流动通道的特征尺寸在同一尺度,克努森数(Kn)较高,气体分子和流通通道壁面的碰撞相比于气体分子间的碰撞变得不可忽略,这导致采用气体作为测试介质且 Kn 值较高时,所测得的渗透率高于采用液体时所获得的渗透率,如需获得样品的本征渗透率则须加以修正。

再次,物理化学效应的影响。Wei 等[32]进行了使用不同流体及在不同温度情况下低渗砂岩渗透率的测试,使用液体所得的渗透率较低,归因于岩体内部结构与液体的相互作用,具体为岩石内部因液体作用而膨胀,以及液体携带的微小颗粒堵塞狭窄流动通道。很多学者[33-37]采用不同气体来测量煤样的渗透率，研究发现采用吸附性气体（如 CH_4、CO_2 等）所得渗透率结果要远小于采用非吸附气体（如 He、Ar、N_2 等）的结果。其中的原因是煤样吸附气体后发生膨胀，使得流通通道缩小。Ghanizadeh 等[38-40]采用不同气体测量了低渗页岩的渗透率。结果显示，采用不同气体所得渗透率不同，具体为 He＞Ar＞CH_4。他们指出，这种差异源于气体分子大小不同、滑脱效应差异以及岩石吸附气体后的膨胀。为了更真实地反映实际工程的情况，考虑这些物理化学效应的影响是有必要的。

值得说明的是，绝对渗透率是岩石的内在本质性质，应该独立用于测量流体的性质，即在采用不同的流体和不同压力条件下测量时，理论上应得到相同的岩石渗透率。而一系列试验结果证明，采用不同流体及不同压力所得岩石渗透率并不相同，这一现象对低渗岩石尤其明显。产生这种矛盾的原因是：通过试验测得的渗透率应该称为此岩石样本的有效渗透率或者说是在特定工况下岩石的渗透性质，并不是岩石的本质渗透率。因为采用不同流体测量时，不可避免地会导致一些物理化学反应，导致所得渗透率综合了其他因素的影响。在实际测量时，应尽可能考虑实际需要，根据实际工况选用合理的渗透率测量方法及测量流体。综上所述，无论是操作过程还是结果分析，准确测量低渗岩石的渗透率须充分考虑多种因素的影响。

渗透率是描述储层物性特征最重要的参数，分析文献中大量低渗岩石渗透率的测量数据[32,41-72]发现，对于不同储层岩石渗透率从纳达西（nD）到毫达西（mD）不等。随着有效应力的增加，低渗岩石的渗透率表现出在有效应力较小的范围内急剧下降的现象，之后随着有效应力的增加，下降趋势减缓。基于这样的发现，很多学者指出，涉及低渗岩石渗透性质的描述时应尽可能地还原实际情况中岩石所处的应力状态。

1.2.2　低渗岩石定义

目前，低渗岩石尚未有统一定义，其界限亦不明确。出现这种现象的主要原因是不同工程领域的实际需求不同。例如，油气开采行业以经济开发为标准来定义低渗岩石，二氧化碳地质封存以盖层的密闭性来定义低渗岩石，核废物地质封存领域以保证有害物质在上万年的尺度上不渗透出储层来定义低渗岩石。

对低渗岩石最初的定义来源于油气开发领域。此定义主要是为实际油气开采、开发所服务，其判别根据是油气田是否需要进行大规模地层改造来达到经济开发的目的。对于低渗油藏和低渗气藏的定义也有不同，并且不同国家的定义也有差别。20 世纪 70 年代，美国政府定义了致密气藏——在储藏条件下渗透率低于 0.1 mD 的气藏[44,57]。这些气藏岩石类型主要包括致密砂岩、页岩及碳酸岩储藏。类似的,美国怀俄明州地质勘查署定义致密气和致密油为储藏渗透率低于 0.1 mD 且孔隙率低于 10%的储藏。同样在美国能源部 2010 年的“年度能源展望”中定义了低渗气藏为在实际工况条件下渗透率小于或等于 0.1 mD 的储藏。

在 1992 年西安召开的含油气盆地地质学术讨论会上,一些专家建议使用渗透率上限为 50 mD、下限为 0.1 mD 的标准来界定低渗油层。李道品[73]在 1997 年出版的《低渗透砂岩油田开发》一书中根据前述定义,对低渗油田进行了更详细的划分:将平均渗透率在 10～50 mD 范围内的储层定义为一般低渗油田,将 1～10 mD 范围内的储层定义为特低渗油田,将 0.1～1 mD 范围内的储层定义为超低渗油田。曾联波等[74]指出低渗储层通常是指基质的空气渗透率小于 50 mD 的含油气储层。唐曾熊[75]建议按照储层渗透率的量级来划分高、低渗,将油田低渗的上限定义为 100 mD。张金庆等[76]基于国家低渗油划分标准,结合岩心启动压力梯度和应力敏感性试验,建议划分海上低渗油田为:一般低渗油田(10～50 mD)、特低渗油田(5～10 mD)和超低渗油田(＜5 mD),并指出从经济效益考虑暂不考虑开发渗透率低于 5 mD 的海上油田。我国石油天然气行业标准也在 1995 年、1998 年和 2001 年分别给出了低渗油气藏的定义,应该指出,随着技术的进步这些标准也发生着变化。在能源需求的增长、浅部常规油气资源逐渐减少的条件下,新的技术如水力压裂、二氧化碳压裂、二氧化碳泡沫驱替等逐渐成熟,低渗非常规油气藏开采比重逐年提高。

近年来,页岩油气“革命”的发生,揭示了油气资源储层为渗透率极低的页岩。通常而言,完整页岩的渗透率远低于 0.1 mD,甚至达到了 nD 级别。此外,页岩的孔隙率也较小,普遍低于 10%。随着页岩气在美国的成功开采,世界上其他一些已探明有页岩气储量的国家也相应开展了页岩气的研究与实际生产。尤其是对中国来说,有着全世界最高的页岩气可开采储量,近年来在重庆涪陵等区块取得了成功的商业开发。毫无疑问,页岩属于低渗岩石储藏,如何改造储藏,使得页岩气顺利产出显得尤为关键。当前所采用的技术包括水平钻井和储层压裂。开展页岩的物理力学性质研究,尤其是其物性参数随应力变化而改变的规律,对于科学规划页岩气开采、优化设计以及实现经济效益最大化至关重要。

上述提到的页岩层,具有极低的渗透率,也被其他一些工程应用如二氧化碳封存、垃圾填埋、核废物埋存工程加以利用。例如二氧化碳地质封存时,页岩被看作理想的盖层;在垃圾填埋场的设计时,一般利用黏土的低渗性来防止有害物质渗入地下水层;核废物地下埋存处置时,利用页岩的超低渗透性及受热后微裂纹自闭合性来防止核废物泄漏。这些工程项目正是基于岩石的超低渗透性而得以应用的，同时，出于安全性的严格要求，对低渗岩石的筛选标准也愈发严格。综上分析，在不同领域对低渗岩石的定义不尽相同，本书所提及低渗岩石具体指在储层条件下渗透率小于或等于 0.1 mD 的岩石。

1.2.3 实际工程中岩石渗透率演化

实际工程中，岩石所处的应力环境通常处于动态演化之中。在研究岩石渗透率时，我们需要综合考虑力学、物理、化学等多方面的综合影响，尤其是针对低渗岩石，其渗透率随应力的变化规律更应被重视。

在油气开采过程中，储藏内油气的开采会导致储藏内孔隙压力的降低，这会导致储层岩石内部有效应力的升高。对于低渗透油气藏来说，储层内应力的变化引起渗透率变化进而导致产量变化比常规油气藏要剧烈得多。随着油气开采领域深入低渗储层范围，如致密油、致密气、页岩油、页岩气、煤层气等，很多学者开展了低渗岩石渗透率随着应力变化规律的研究。例如，自 20 世纪 70 年代开始，部分学者系统地开展了致密气藏渗透性质的研究[32,43,47,54,56,62,65,77-83]，并考虑了渗透率和有效应力的关系。煤层气开采的研究在近年来同样成为一个研究热点，尤其是对于像中国这样使用煤炭为主要能源的国家。以往落后的生产方法将宝贵的煤层气作为废气、危险气体直接通过通风设备排入大气，不仅造成了能源浪费，而且作为一种温室气体引起了环境污染。近年来，相关研究深入煤层气的产出机理，其中很重要的一部分就包括煤层渗透率随应力的变化规律[26,33-34,41,58,64,84-92]。对于页岩气的最早使用甚至可以追溯到 1825 年美国纽约州的弗雷多尼亚。进入 20 世纪以来，水力压裂技术的成熟和水平钻井技术的应用，推动了大规模商业化页岩气开采的实现。在市场需求的刺激下，很多学者开展了页岩渗透性质和有效应力关系的研究[39,60,66-67,93-98]，研究一致认为，有效应力的升高会导致页岩渗透率的大幅下降。总体而言，有效应力升高(或储层压力降低)会导致岩石渗透率降低，这一现象在低渗岩石中尤为显著。因此，在考虑油气开采问题时，储藏内部岩石的有效应力随开采不断变化，在研究储层渗透率时需要考虑有效应力的变化，尤其是对低渗储层而言。

对于二氧化碳地质封存来说，需要考虑的是一个相反的过程。首先注入的二氧化碳实质是进入了储层岩石的孔隙结构，这会使得储层孔隙压力升高、有效应力降低。注入的二氧化碳向上运动会和盖层相互作用，一方面在二氧化碳进入盖层的孔隙结构前，会对盖层施加类似围压的作用力，导致有效应力的升高；另一方面随着二氧化碳进入盖层孔隙结构后，增加了孔隙压力，从而导致有效应力的降低。当前二氧化碳地质封存选址，一类是选取地层条件稳定的岩层，将二氧化碳永久封存，这包括上部有页岩盖层的稳定地层、盐岩层、废弃的油田、难以开采的煤层等;另一类是试图利用二氧化碳的高吸附性及超临界二氧化碳的一些特殊性质来进行油气增产。与这些工程应用直接相关的研究都涉及了由于二氧化碳注入导致地层应力状态改变进而引起的渗透率变化[8,10-14,91,97-105]。

对于高放核废物地质封存来说,核废物不断衰变释放热量,使得储层岩石温度不断升高,同时由于水分蒸发,储层岩石会受到蒸汽压的作用。核废物埋藏点周围的岩石应力状态会随时间持续变化,因此为了获得对工程更有帮助的信息,研究低渗岩石渗透率随应力的变化是必不可少的[18-19,106-107]。

1.2.4 低渗岩石渗透率应力敏感性

通常,当岩石的固有渗透率降至某一临界值以下时,会展现出诸如应力敏感性等共同特性。对低渗岩石的应力敏感性研究始于油气开发,近年来随着非常规油气开发及二氧化碳地质封存和核废料地下封存等一系列其他工程应用面临的新问题的出现,很多学者深入开展了低渗岩石的物理力学性质研究。与孔隙率随应力变化不明显不同,低渗岩石的渗透率随着有效应力的增加表现出了急剧下降的现象,这种渗透率的应力敏感现象在国内油气开采领域被称为压敏效应。

低渗岩石的物性参数的试验结果表现出了一定的特殊性,不同学者建立了相应的理论分析模型,旨在更深入地探究其物理力学行为。对于低渗岩石渗透性质描述的理论模型始于经验和分析,将岩石看作一个整体,建立相应的关系。Berryman 等[108]系统地分析了这些模型,发现将孔隙结构简化为管道模型的 Kozeny-Carman 方程相对来说可以较好地描述岩石的渗透性质。随着人们对低渗岩石内部孔隙结构更深入地了解后发现,低渗岩石尤其是沉积岩,虽然由颗粒围成具有较小比表面积的孔隙结构占据了孔隙体积的绝大部分,但对渗透率起决定作用的却是颗粒间狭长的类似裂缝的通道[53,109-111]。类似的,石油行业将孔隙空间划分为孔隙和喉道,孔隙提供了油气存储空间,而喉道对渗透性质起到了决定性的作用。基于这样的认识,一些学者开始考虑使用描述平板内流体流动的立方定律来描述低渗岩石的渗透性质。

随着应力的改变,岩石内部的流通通道会发生变形,部分学者考虑了这种力学影响因素,建立了低渗岩石渗透率和应力之间的关系。例如,Gangi[112]采用钉子模型来简化岩石内部的流动通道,并采用式(1-1)来描述岩石渗透率和有效应力的关系。

$$k = k_0[1 - (p_e/p_1)]^3 \tag{1-1}$$

式中 k_0——岩石所处有效应力为零时的渗透率;

p_1——模型的等效弹性模量;

p_e——材料当前所受的有效应力。

类似于钉子模型，Walsh[109] 将模型简化为粗糙平板来描述岩石的渗透性质，采用式(1-2)来描述岩石渗透率和有效应力的关系。

$$k = k_0[1-(\sqrt{2}h/a_0)\ln(p_e/p_0)]^3 \tag{1-2}$$

式中　k_0——岩石所处有效应力为 p_0 时的渗透率；

a_0——模型在有效应力为 p_0 时的等效开度；

h——模型在当前有效应力下的等效开度；

p_e——材料当前的有效应力。

使用不同的几何拓扑模型来简化岩石内部的流动通道会导致采用不同公式进行描述，它们的本质都是由立方定律演化而来。Ostensen[113] 对这类模型进行了系统的总结与综述。

这些分析模型从一定程度上考虑了岩石内部流动通道的几何形状，并建立了岩石受力后渗透率的变化情况。但这类模型的不足在于，将岩石内部的复杂流动通道进行了过分简化，因此在很多情况下并不能准确描述低渗岩石的物理力学性质。

1.3　岩石内部流体运移行为

低渗岩石渗透率应力敏感宏观表象是由其内部结构演化及流体运移行为所决定的。岩石内部有效应力变化的直接结果是岩石内部孔隙结构的变形，这将会导致岩石渗透性质的变化[114-118]。采用传统方法进行岩石表观物理力学性质分析时，通常将岩石看作均匀的，采用连续介质分析方法进行研究。然而，当观察尺度缩小至微细观结构时，岩石呈现出不均匀、不连续及各向异性的特征，内部遍布着规模不一、形态多样的孔-裂隙及夹杂物，这些非连续结构对岩石的外在性质具有决定性影响。本书提到的"宏观"是特指通过物理试验获得的岩石性质的表征，与工程大尺度意义不同；"微细观"是特指岩石内部的孔隙、裂隙结构特征，更具体地说是"细观"尺度，与原子排列、分子组成意义不同。

岩石内部的非连续结构对岩石的渗透性质、强度、弹性模量和泊松比等有着很大的影响。例如之前的研究[115,119-120] 证明孔隙度、孔-裂隙形状、空间分布等对岩石的物理力学性质有着决定性的影响。在岩石类材料内部细观、微观结构基础上开展研究，有助于揭示决定其表观性能的内在机理。这些问题涵盖孔隙、裂隙等非连续结构的空间分布，空间几何分布对材料受力变形和破坏的影响，微观结构对流体渗流的影响，微观结构和流体相互作用和反应机理等。构建能反映真实岩石内部微观结构的数字岩心模型，并基于这些数字模型开展数值分析，有助于从根本上认识岩石物理力学行为的内在机理,以期在此基础上为实际工程提供有力的技术支持。

对于涉及低渗岩石的实际工程而言,其渗透率不应简单地看作常数处理。高渗岩石流通通道一般由相对较大、较难变形的孔隙主导,有效应力的改变对渗透率的影响并不明显。与之相反,对于低渗岩石来说,一些狭长、易变形的通道起到连接其他孔隙结构的作用,成为关键通道,有效应力的改变会使得这些狭长通道发生较大变形。因此对于低渗岩石来说,有效应力的改变会引起很大程度的渗透率改变。

1.3.1 岩石内部非连续结构

岩石内部含有大量不同尺寸、不同形状、随机分布的非连续结构,提取对岩石渗透性质起决定性作用的内部孔隙结构是开展相关问题的首要步骤。Soeder 等[121]采用光学显微镜和 SEM 观测了低渗砂岩表层的孔隙结构分布,发现孔隙结构可以分为两部分,一部分为较大的孔,另一部分则是位于颗粒间的细长通道。Spencer[77]采用类似的方法观测了低渗气藏岩石的孔隙结构,通过对比加载前后的图像发现狭长的通道发生了闭合。这些基于二维图像的研究指出了深入研究岩石内部三维结构的重要性。近年来,得益于聚焦离子束(FIB)切割、扫描电镜(SEM)、工业微观 CT 扫描技术、核磁共振扫描技术(MRI)的进步,岩石内部三维结构得以准确表征。英国帝国理工大学孔隙结构建模与分析团队[120,122-123]系统地测试与分析了碳酸岩、石灰岩、砂岩、人造模型等材料的内部孔隙结构,并基于这些数字孔隙结构开展了孔隙网络模型构建与孔隙内流体流动性质的研究。通过微观 CT 扫描所获得的图像精度(每个像素点所代表的物理尺寸)可达 2.65 μm,三维模型尺寸可达 1 024^3 voxel。中国矿业大学(北京)岩石非连续结构分析团队基于 CT 扫描技术获得了一系列砂岩、油页岩、人工合成岩块、土石混合体及混凝土的内部结构[124-131],实现了快速扫描下精度 25 μm、尺寸 1 024^3 voxel 的数字模型,并基于获得的孔隙模型开展了岩石孔隙结构力学及渗流性能的分析。美国路易斯安那州立大学 PoreSim 研究团队同样基于 CT 扫描技术获得了岩石内部的孔隙结构[132-133],并开展了孔隙拓扑结构及孔隙结构内多相流的研究。Wildenschild 等[134]系统地阐述了近年来 CT 扫描技术的进展,并基于获得的孔隙结构模型进行了孔隙结构划分、孔隙网络模型建立、多相流、流动与化学反应等过程。Werth 等[135]综述了在水文地质领域污染物迁移研究中所采用的无损样品内部结构获取方法,包括光学显微镜、CT 扫描和 MRI 技术。

随着技术的不断进步,如今对孔隙结构的描述精度已显著提升。例如,一些世界顶尖的渗流力学实验室已配备了纳米尺度的 CT 设备，FIB-SEM 的精度也达到了纳米级别。低渗岩石内部的大量流动通道处于纳米级别，这种高精度仪器的出现对于从微观结构开展低渗岩石物理力学性质的研究十分重要。基于数字岩心模型开展岩石物理力学性质数值模拟研究在地下工程领域已经逐渐成为一种常规研究方法。

1.3.2 低渗岩石内部单相运移行为

低渗岩石内部孔隙结构极小，导致其内部单相流体运移与常规岩石不同，具体表现为气体运移的滑脱效应及液体-壁面的相互作用。低渗岩石内部的流体运移与其内部孔隙的尺寸、形态、连通性等紧密相关。在微观结构的基础上研究孔隙结构内部气体和液体的流动规律，是准确理解低渗岩石内部流体运移行为的基础。Chalmers 等[136]认为，页岩内部的天然孔隙大小主要集中在纳米量级，并根据化学行业标准将孔隙划分为微孔（＜2 nm）、细孔（2～50 nm）和大孔（＞50 nm）。部分学者根据孔隙类型将孔隙空间划分为有机质（干酪根）内部孔隙、不同矿物质内部的无机孔、矿物质之间的粒间孔、成岩过程中的溶蚀孔、由于构造应力或生烃过程产生的微裂缝[137-138]。还有学者根据孔隙形态进行划分，包括干酪根内部的蜂窝状孔，黏土矿物内的丝绢状、絮状孔，矿物颗粒内部的结构规则孔[139-142]。

在描述气体在微纳孔隙中的流动规律时，通常采用克努森数（Kn）进行划分。

$$Kn = \lambda / l \tag{1-3}$$

式中 λ——分子平均自由程，空气在常温差压条件下 $\lambda = 68$ nm；

l——孔隙特征尺寸。

当 $Kn \leqslant 0.001$ 时为连续流动，当 $0.001 < Kn \leqslant 0.1$ 时为滑脱流，当 $0.1 < Kn < 10$ 时为过渡流，当 $Kn \geqslant 10$ 时为自由分子流。页岩储藏孔隙空间特征尺寸主要集中在纳米尺寸，随着开采活动的进行，孔隙内的压力逐渐降低，当克努森数超过 0.001 时，传统的连续流动方程将无法准确描述这一现象。

早在 1941 年，克林肯伯格就发现在孔隙压力较低时，气测渗透率将会与测试压力有关，称此现象为气体滑脱效应，并采用经验公式修正了气测渗透率。之后，不同学者[143-144]对此公式进行了修正以更准确地描述滑脱效应。Javadpour 等[94]分析了纳米尺度孔隙对页岩气解吸流动规律的影响，并采用 4 个扩散方程来描述页岩气从样品中产出的 4 个不同过程。Cui 等[145]采用试验方法研究了页岩的表观渗透率，并指出由于孔隙尺寸极小，孔隙空间内气体的扩散作用将会大于压力梯度引起的对流，起到主导作用。Gensterblum 等[141]系统地综述了页岩储藏内气体的流动规律,指出研究纳米尺度孔隙内流动需要考虑不同孔隙压力条件下的不同流动规律,同时需要考虑不同矿物组分内的不同流动规律以及温度的影响。

深入微观孔隙尺度研究页岩气的流动机理逐渐成为研究热点,但同时也是研究难点。分子动力学的方法(MD)或蒙特卡洛方法(MC)常被用于模拟气体在纳米尺度通道内的流动。Cai 等[146]采用分子动力学的方法研究了孔隙网络模型的等效扩散系数。然而,这些方法由于计算量大且耗时较长,因此主要适用于简化的孔隙形态模拟。值得指出的是,在纳米尺度考虑孔隙形态对流体流动规律的影响依旧是当前研究的难点。

低渗岩石内部液体运移行为同样受到孔隙尺度效应的影响,主要可以分为由于液体和壁面相互作用导致的壁面附近纳米尺度范围内流体表观黏度的变大,以及由于壁面滑移效应造成的壁面速度不为零。部分学者[147-149]指出,在纳米尺度孔隙壁面处有很强的相互作用,导致壁面附近流体性质与其宏观测试性质表现出极大的差异。Joly[150]指出,碳纳米管中液体的壁面滑移长度远大于其特征半径,导致其内部水相流动速度分布更接近于活塞式运动而不是泊肃叶式抛物线分布。Zhang 等[151]指出,纳米限域条件下应同时考虑流体等效黏度的变化以及壁面滑移行为,且流体等效黏度和流体-壁面的润湿性质紧密相关。Zhang 等[152]分析了纳米尺度孔隙内油滴的运移,通过分子动力学模拟获得了纳米尺度孔隙内油相运移等壁面滑移长度以及等效黏度增长,并通过格子玻尔兹曼方法计算了页岩有机质孔和无机质孔内的油相运移行为,结果指出,由于壁面滑移,纳米尺度有机质孔内的油相运移得到了显著的增强。

1.3.3 低渗岩石内部多相运移行为

低渗岩石内孔隙尺寸极小,毛细作用更加强烈,毛管力成为低渗岩石内部多相流体运移的一个主导力。在毛管力作用下润湿相流体自发进入低渗岩石内部孔隙空间的过程称为自发渗吸过程。储层孔隙空间内的自发渗吸过程与低渗储层油气的产出紧密相关,准确认知储层孔隙空间内流体的自发渗吸机理对于非常规油气开发至关重要。科学准确地描述毛管力作用下多相流体在复杂孔隙结构内部的迁移规律逐渐成为国际学术界与工程界关注的热点与难点问题。本节重点讨论在毛管力作用下岩石内部自发渗吸多相运移过程。

描述毛管力作用下流体运移动态过程的经典公式是 Lucas-Washburn (LW)公式,即 $l \propto \sqrt{t}$。该式的推导忽略重力及惯性力的作用,自发渗吸的驱动力为恒定的毛管力,阻碍力为随自发渗吸长度而不断增加的黏滞力。尽管 LW 公式做了这些简化,但是该公式抓住了自发渗吸行为的本质规律,因此在研究中得到了广泛应用，并通过大量物理及数值试验验证了其有效性和适用性。O'Loughlin等[153]采用试验方法研究了甘油在毛细玻璃管内的自发渗吸过程，并指出该过程可以采用 LW 公式加以准确描述。Dimitrov 等[154]采用分子动力学(MD)的方法验证了纳米尺寸毛细管内 LW 公式的适用性，但考虑到纳米毛细管的壁面滑移效应，应对毛细管半径做相应修正。Gruener 等[155]采用 Vycor 玻璃(内部包含纳米尺度孔隙通道，两组玻璃等效孔半径分别为 3.4 nm 和 4.9 nm)进行了自发渗吸试验，并指出修正后 LW 公式仍然适用。Hamraoui 等[156]指出，在使用 LW 公式时应考虑到接触角随自发渗吸速率的变化，并对 LW 公式中的接触角做了相应修正，给出了接触角随渗吸速率的变化规律。Handy[157]将 LW 进行推广，用于描述均匀多孔介质的自发渗吸规律。采用多孔介质的渗透率代替 LW 公式推导中用到的毛细管渗透率，得到如下公式：

$$Q=\sqrt{\frac{2p_{c}k_{w}\varphi A^{2}S_{w}}{2\mu}t} \tag{1-4}$$

式中　Q——流量；

p_c——等效毛管力；

k_w——润湿相相对渗透率；

φ——孔隙率；

A——过流面积；

S_w——饱和度；

μ——黏滞系数。

类似可得出渗吸量和 $\sqrt{t}$ 成正比。当前在常规油气开采行业多采用 Handy 公式来描述常规石油储层内的自发渗吸规律。Li 等[158]对 Handy 公式加以修正以更好地描述气田开发中的自发渗吸规律。

LW 公式的推导基于横截面为圆形的单一毛细管，而 Handy 公式则假设多孔介质内的自发渗吸规律与毛细管内完全一致，却未考虑多孔介质的形态和非均质性等因素。近年来，国内学者针对均匀多孔介质内的自发渗吸问题展开了深入研究，并对相关理论公式进行了修正和改进。例如，Cai 等[159]考虑了迂曲度对自发渗吸行为的影响，采用分形理论对多孔介质迂曲度加以表征，并对 LW 公式进行了相应的修正。Cai 等[160]研究了均匀孔隙结构内的自发渗吸行为，同时考虑了孔隙结构迂曲度以及毛细管截面形状对自发渗吸行为的影响，提出了适用于描述均匀多孔介质内自发渗吸行为的修正公式。

上述 LW 公式、Handy 公式以及考虑了迂曲度及截面形状的修正公式描述了自发渗吸行为的基本规律，研究对象主要针对几何形状规则的毛细管以及孔隙结构均匀的多孔介质。然而，非常规储层内部孔隙几何形态不规则且结构复杂，能否采用类似公式准确表征其自发渗吸规律尚存争议。此外，现有理论分析公式多聚焦于自发渗吸整体行为，而对于孔隙结构如何影响自发渗吸行为，如分叉状通道内交界面破裂及汇合等非稳态过程，尚缺乏准确的理论公式表征。为了准确认知非常规储层内部的自发渗吸规律，需要深入孔隙尺寸开展研究。

现场监测手段可以快速获得地层内驱替液及压裂液迁移的第一手资料，对指导实际工程具有重要意义。当前现场监测手段主要通过分析驱替液及压裂液压入速率曲线，结合岩石物性推断储层内的驱替液及压裂液自发渗吸规律。Engelder 等[161]分析了美国 Marcellus 和 Haynesville 页岩储层后压裂液返排的现场监测数据，指出返排率低的主要原因是页岩储层处于束缚水饱和度以下，在毛管力的作用下压裂液自发渗吸进入页岩储层，难以返排。Ghanbari 等[162]监测了加拿大三个页岩气区块的压裂液返排规律以及页岩气产量数据，借助这些监测数据分析了地层内主裂纹以及次生裂纹对自发渗吸速率的影响，指出压裂后进行闭井操作，页岩气初期产量较高的原因是自发渗吸作用下压裂液进入页岩基质，微裂纹通道充分打开，使得生产初期页岩气更容易产出。Makhanov 等[163]通过压裂液进入地层的体积和裂缝开度估算了地层裂缝网络的表面积，结合压裂液返排数据分析了地层内压裂液自发渗吸规律。刘斌等[164]监测了涪陵页岩气井的压裂液返排数据及页岩气生产曲线，分析了压裂液返排率低的原因。通过现场监测数据可以定性地推断地层内驱替液及压裂液的自发渗吸规律，然而由于该自发渗吸过程“看不见、摸不着”，现场探测难度大、可靠性差，即使采用最先进的技术手段，也很难准确获知储层内驱替液及压裂液的自发渗吸内在机理。

利用现场取心进行岩石样品的自发渗吸试验对于认知非常规油气开发中驱替液及压裂液迁移、环境保护以及产能影响等具有重大意义[165]。首先，开展岩石样品在不同黏度、不同润湿相、不同化学组分流体中的自发渗吸规律，可以为实际工程中驱替液及压裂液选择提供依据。其次，通过室内试验获得岩石样品的自发渗吸特征，为分析与认知复杂孔隙结构内部的两相渗流规律提供了基础。再次，结合岩石样品的渗吸特征曲线和现场实际监测数据，可用于反推非常规储层内的渗流规律。因此，国内外大量学者进行了相关自发渗吸试验，分析了不同情况下岩石样品的渗吸规律。

加拿大 Dehghanpour 课题组基于 Horn River 致密砂岩及页岩样品进行了大量自发渗吸试验，得到如下主要结论：① 初始含水饱和度对自发渗吸量有较大影响[166]；② 页岩内部孔隙性质复杂，部分孔隙亲水，部分孔隙亲油，导致采用常规液滴法测量接触角意义不大，如接触角测试结果显示 Horn River 油相润湿，但是自发渗吸试验中样品吸水量更多[166]；③ 岩石内部复杂孔隙结构的连通性会对自发渗吸结果产生较大影响[167]；④ 页岩平行层理自发渗吸速率要快于垂直层理方向[167]；⑤ 自发渗吸试验会导致页岩样品内微裂纹的生成，改变自发渗吸通道[165]；⑥ 渗吸液的性质对自发渗吸结果有较大影响[163,165]；⑦ 岩石样品的自发渗吸行为是多种因素综合影响下的结果（如样品内黏土矿物膨胀、页岩层状结构、渗透压、孔隙亲水性及其连通性、水的吸附、油的吸附），应对 LW 或 Handy 公式加以修正以描述非常规储层岩石自发渗吸行为[162,168]。

Hu 等[169-170]针对 Barnett 页岩进行了自发渗吸速率的研究，指出由于页岩内部复杂孔隙结构连通性的影响，因而渗吸速率与 $\sqrt{t}$ 不成正比。Ge 等[171-173]对比了致密砂岩、火山岩以及页岩的自发渗吸规律，指出孔隙结构的连通性对自发渗吸速率具有直接影响。其他一些研究成果包括：Sun 等[174]进行了多组采用环氧树脂包裹页岩的自发渗吸试验，发现即使进行包裹，自发渗吸依旧会导致微裂纹出现。Roychaudhuri 等[175]采用两段直线来描述自发渗吸量和 $\sqrt{t}$ 之间的关系，并指出第一段直线对应渗吸液进入微裂纹，第二段为渗吸液进入页岩基质。Fakcharoenphol 等[176]分析了页岩样品自发渗吸规律，并通过自发渗吸数据及返排数据模拟了压裂液实际地层内的自发渗吸过程。Liu 等[147]综述了页岩自发渗吸过程，指出渗吸量和 $\sqrt{t}$ 之间并不严格满足线性关系，提出了分析公式来表征自发渗吸量和时间之间的关系，并指出对于页岩来说，自发渗吸速率指数更小的原因是水分子和纳米孔壁的强相互作用。

采用室内自发渗吸试验研究，可以获得非常规储层岩石样品自发渗吸规律，通过分析自发渗吸试验数据可以获得渗吸液性质、岩石样品组成、样品含水饱和度等对自发渗吸速率的影响。然而由于试验手段的限制，难以直接观测到非常规岩石纳米尺度孔隙结构内流体的自发渗吸规律，因此开发经济有效的手段从孔隙结构出发研究对自发渗吸行为影响的内在机理变得十分重要。

准确构建非常规储藏内的三维孔隙结构，采用合理的数值模拟手段分析复杂孔隙结构内的自发渗吸行为，为深入理解自发渗吸行为及其内在机理提供了经济有效的研究途径。

对孔隙结构内自发渗吸规律的数值计算方法主要有传统计算流体力学方法(CFD)[177-178]、基于简化的孔隙网络模拟方法(PNM)[179]、分子动力学方法(MD)[154]以及格子玻尔兹曼方法(LBM)[180]。其中，传统 CFD 方法在处理复杂几何孔隙结构时须进行网格细化，同时须对气-液两相交界面进行特殊处理，降低了计算效率；PNM 方法虽然计算效率较高，但是对孔隙结构进行了大量简化，采用球形、圆柱形、三角形等简单几何结构代表孔隙空间，有可能导致计算结果不能准确反映真实情况；MD 方法直接从分子尺度研究流体流动行为，并不需要太多假设，但需要研究数量巨大的分子运动，导致计算量过大，当前 MD 方法主要应用于尺度很小的简单几何模型的计算。近年来发展起来的介观 LBM 方法具有许多如上所列数值方法所没有的优点，包括物理背景清晰、复杂边界处理易实现、多相流模拟时交界面的自动生成、程序简洁、具有天然并行性等。LBM 方法由于可直接应用于复杂孔隙结构内的流动计算以及在处理两相流方面的优势而被广泛使用[181]。

1.4 本书的主要内容

本书共分为 7 章，系统地探讨了低渗岩石的非连续结构特征、流体运移行为及其渗透率应力敏感性，旨在为低渗透岩石相关科学研究和工程应用提供理论和模型基础。全书按研究内容可分为细观机理研究及宏观性质分析。第 1 章为本书内容概述，简要介绍了低渗岩石工程背景及其内部单相和多相流体运移行为研究的科学意义，同时系统归纳并总结了现有工程应用实例及当前研究现状。第 2 章到第 4 章主要介绍了在细观尺度构建含非连续结构数字岩心模型，并在数字岩心模型的基础上进行单相及多相流体运移行为的分析。其中，第 2 章介绍了低渗岩石内部非连续结构的识别、量化表征及三维重构技术。第 3 章介绍了低渗岩石内部单相气体运移行为，重点讨论了纳米尺度效应对于低渗岩石内气体流动行为的影响。第 4 章介绍了低渗岩石内部两相的模拟，重点讨论了自发渗吸条件下孔隙结构的多相运移行为。本书后三章主要介绍了低渗岩石的渗透率应力敏感性以及由此导致的页岩气开发产出曲线的研究。其中，第 5 章讨论低渗岩石应力敏感性及经典的有效应力、孔隙率、渗透率之间的关系。第 6 章介绍两部分胡克定律模型及其在描述低渗岩石渗透率应力敏感性方面的拓展。第 7 章主要介绍了基于两部分胡克定律模型本构关系分析渗透率应力敏感性对页岩气产量的影响。

参考文献

[1] 谢和平，高峰，鞠杨，等.深地科学领域的若干颠覆性技术构想和研究方向[J].工程科学与技术，2017(1)：1-8.

[2] 谢和平，高峰，鞠杨，等.页岩气储层改造的体破裂理论与技术构想[J].科学通报，2016，61(1)：36-46.

[3] 王国法，任世华，庞义辉，等.煤炭工业“十三五”发展成效与“双碳”目标实施路径[J].煤炭科学技术，2021，49(9)：1-8.

[4] CHEN S D,TAO S,TANG D Z.In situ coal permeability and favorable development methods for coalbed methane (CBM) extraction in China:from real data[J].International journal of coal geology,2024,284:104472.

[5] HOWARTH R W,INGRAFFEA A,ENGELDER T.Natural gas:should fracking stop?[J].Nature,2011,477(7364):271-275.

[6] YANG H,FLOWER R J,THOMPSON J R.Shale-gas plans threaten China's water resources[J].Science,2013,340(6138):1288.

[7] 张军,李桂菊.二氧化碳封存技术及研究现状[J].能源与环境,2007(2):33-35.

[8] WOLLENWEBER J,ALLES S,BUSCH A,et al.Experimental investigation of the CO_2 sealing efficiency of caprocks[J].International journal of greenhouse gas control,2010,4(2):231-241.

[9] KROOSS B,HILDENBRAND A,ALLES S,et al.Assessment of the CO_2 sealing efficiency of pelitic rocks two-phase flow and diffusive transport [M]//Greenhouse Gas Control Technologies 7. Amsterdam: Elsevier, 2005:2003-2006.

[10] WANG J G,JU Y,GAO F,et al.Effect of CO_2 sorption-induced anisotropic swelling on caprock sealing efficiency[J].Journal of cleaner production,2015,103:685-695.

[11] BACHU S,BONIJOLY D,BRADSHAW J,et al.CO_2 storage capacity estimation:methodology and gaps[J].International journal of greenhouse gas control,2007,1(4):430-443.

[12] WU Y,LIU J S,ELSWORTH D,et al.Dual poroelastic response of a coal seam to CO_2 injection[J].International journal of greenhouse gas control,2010,4(4):668-678.

[13] CAPPA F,RUTQVIST J.Impact of CO_2 geological sequestration on the nucleation of earthquakes [J]. Geophysical research letters, 2011, 38(17):L17313.

[14] ZHOU Q L,BIRKHOLZER J T,MEHNERT E,et al.Modeling basin- and plume-scale processes of CO_2 storage for full-scale deployment[J].Groundwater,2010,48(4):494-514.

[15] CHENG Q,TANG J R,LIU Y L,et al.Pore alteration of Yanchang shale after CO_2-brine-rock interaction:influence on the integrity of caprock in CO_2 geological sequestration[J].Fuel,2024,363:130952.

[16] 杨春和,李银平,屈丹安,等.层状盐岩力学特性研究进展[J].力学进展,2008,38(4):484-494.

[17] 王新志,汪稔,杨春和,等.盐岩渗透性影响因素研究综述[J].岩石力学与工程学报,2007,26(增刊 1):2678-2686.

[18] ZHENG L G,RUTQVIST J,LIU H H,et al.Model evaluation of geochemically induced swelling/shrinkage in argillaceous formations for nuclear waste disposal[J].Applied clay science,2014,97:24-32.

[19] TSANG C F,BERNIER F,DAVIES C.Geohydromechanical processes in the Excavation Damaged Zone in crystalline rock,rock salt,and indurated and plastic clays:in the context of radioactive waste disposal[J].International journal of rock mechanics and mining sciences, 2005, 42 (1): 109-125.

[20] 纪文栋,杨春和,刘伟,等.层状盐岩细观孔隙特性试验研究[J].岩石力学与工程学报,2013,32(10):2036-2044.

[21] 刘伟,MUHAMMAD N,李银平,等.盐岩渗透特性的试验研究及其在深部储气库中的应用[J].岩石力学与工程学报,2014,33(10):1953-1961.

[22] 吴文,侯正猛,杨春和.盐岩中能源(石油和天然气)地下储存库稳定性评价标准研究[J].岩石力学与工程学报,2005,24(14):2497-2505.

[23] 武志德,周宏伟,丁靖洋,等.不同渗透压力下盐岩的渗透率测试研究[J].岩石力学与工程学报,2012,31(增刊 2):3740-3746.

[24] 谢凌志,周宏伟,谢和平.盐岩 CO_2 处置相关研究进展[J].岩土力学,2009,30(11):3324-3330.

[25] 周宏伟,何金明,武志德.含夹层盐岩渗透特性及其细观结构特征[J].岩石力学与工程学报,2009,28(10):2068-2073.

[26] STANKIEWICZ B A.Integration of geoscience and engineering in the oil industry:just a dream?[J].Nature,2003,426:360-363.

[27] GENSTERBLUM Y,GHANIZADEH A,CUSS R J,et al.Gas transport and storage capacity in shale gas reservoirs: a review [J]. Journal of unconventional oil and gas resources,2015,12:87-122.

[28] DONG J J,HSU J Y,WU W J,et al.Stress-dependence of the permeability and porosity of sandstone and shale from TCDP Hole-A[J].International journal of rock mechanics and mining sciences,2010,47(7):1141-1157.

[29] BRACE W F, WALSH J B, FRANGOS W T. Permeability of granite under high pressure[J]. Journal of geophysical research, 1968, 73 (6):

2225-2236.

[30] LUFFEL D L, HOPKINS C W, SCHETTLER P D. Matrix permeability measurement of gas productive shales[C]//Proceedings of SPE Annual Technical Conference and Exhibition. October 3-6, 1993. Society of Petroleum Engineers, 1993.

[31] KLINKENBERG L J. The permeability of porous media to liquids and gases[J]. Drilling and production practice, 1941(1): 200-213.

[32] WEI K K, MORROW N R, BROWER K R. Effect of fluid, confining pressure, and temperature on absolute permeabilities of low-permeability sandstones[J]. SPE formation evaluation, 1986, 1(4): 413-423.

[33] LIU J S, CHEN Z W, ELSWORTH D, et al. Evolution of coal permeability from stress-controlled to displacement-controlled swelling conditions[J]. Fuel, 2011, 90(10): 2987-2997.

[34] LIU J S, CHEN Z W, ELSWORTH D, et al. Interactions of multiple processes during CBM extraction: a critical review[J]. International journal of coal geology, 2011, 87(3/4): 175-189.

[35] LIU J S, WANG J G, CHEN Z W, et al. Impact of transition from local swelling to macro swelling on the evolution of coal permeability[J]. International journal of coal geology, 2011, 88(1): 31-40.

[36] PAN Z J, CONNELL L D. Modelling permeability for coal reservoirs: a review of analytical models and testing data[J]. International journal of coal geology, 2012, 92: 1-44.

[37] WANG Z W, LI Y, WANG Z S, et al. Factors influencing the methane adsorption capacity of coal and adsorption heat variations[J]. Energy and fuels, 2023, 37(17): 13080-13092.

[38] GHANIZADEH A, AMANN-HILDENBRAND A, GASPARIK M, et al. Experimental study of fluid transport processes in the matrix system of the European organic-rich shales: Ⅱ. Posidonia Shale (Lower Toarcian, northern Germany)[J]. International journal of coal geology, 2014, 123: 20-33.

[39] GHANIZADEH A, GASPARIK M, AMANN-HILDENBRAND A, et al. Experimental study of fluid transport processes in the matrix system of the European organic-rich shales: Ⅰ. Scandinavian Alum Shale[J]. Marine and petroleum geology, 2014, 51: 79-99.

[40] SCHLÖMER S,KROOSS B M.Experimental characterisation of the hydrocarbon sealing efficiency of cap rocks[J].Marine and petroleum geology,1997,14(5):565-580.
[41] WANG S G,ELSWORTH D,LIU J S.Permeability evolution during progressive deformation of intact coal and implications for instability in underground coal seams[J]. International journal of rock mechanics and mining sciences,2013,58:34-45.
[42] 姚军,孙海,黄朝琴,等.页岩气藏开发中的关键力学问题[J].中国科学,2013,43(12):1527-1547.
[43] JONES F O,OWENS W W.A laboratory study of low-permeability gas sands[J].Journal of petroleum technology,1980,32(9):1631-1640.
[44] SHANLEY K W,CLUFF R M,ROBINSON J W.Factors controlling prolific gas production from low-permeability sandstone reservoirs:Implications for resource assessment,prospect development,and risk analysis[J]. AAPG bulletin,2004,88(8):1083-1121.
[45] BRACE W F.A note on permeability changes in geologic material due to stress[J].Pure and applied geophysics,1978,116(4):627-633.
[46] BOURBIE T,ZINSZNER B.Hydraulic and acoustic properties as a function of porosity in Fontainebleau Sandstone[J].Journal of geophysical research:solid earth,1985,90(13):11524-11532.
[47] VAIROGS J,HEARN C L,DAREING D W,et al.Effect of rock stress on gas production from low-permeability reservoirs[J].Journal of petroleum technology,1971,23(9):1161-1167.
[48] 尹尚先,王尚旭.不同尺度下岩层渗透性与地应力的关系及机理[J].中国科学,2006,36(5):472-480.
[49] WONG H S,BUENFELD N R,HEAD M K.Estimating transport properties of mortars using image analysis on backscattered electron images[J]. Cement and concrete research,2006,36(8):1556-1566.
[50] WONG L N Y,LI D Y,LIU G.Experimental studies on permeability of intact and singly jointed meta-sedimentary rocks under confining pressure [J].Rock mechanics and rock engineering,2013,46(1):107-121.
[51] CHEN T N,ZHU W L,WONG T F,et al.Laboratory characterization of permeability and its anisotropy of chelungpu fault rocks[J].Pure and applied geophysics,2009,166(5):1011-1036.

[52] 徐德敏，黄润秋，张强，等.高围压条件下孔隙介质渗透特性试验研究[J].工程地质学报，2007，15(6)：752-756.

[53] FREDRICH J T，GREAVES K H，MARTIN J W. Pore geometry and transport properties of Fontainebleau sandstone[J].International journal of rock mechanics and mining sciences and geomechanics abstracts，1993，30(7)：691-697.

[54] SMITH T M，SAYERS C M，SONDERGELD C H. Rock properties in low-porosity/low-permeability sandstones[J].Leading edge，2009，28(1)：48-59.

[55] 庞宏伟，岳湘安，李丰辉，等.有效压力对低渗透变形介质油藏物性的影响[J].大庆石油地质与开发，2007，26(1)：50-53.

[56] WALLS J D，NUR A M，BOURBIE T. Effects of pressure and partial water saturation on gas permeability in tight sands：experimental results[J].Journal of petroleum technology，1982，34(4)：930-936.

[57] HOLDITCH S A. Tight gas sands[J].Journal of petroleum technology，2006，58(6)：86-93.

[58] KONECNY P，KOZUSNIKOVA A. Influence of stress on the permeability of coal and sedimentary rocks of the Upper Silesian basin[J].International journal of rock mechanics and mining sciences，2011，48(2)：347-352.

[59] BYRNES A P，CASTLE J W. Comparison of core petrophysical properties between low-permeability sandstone reservoirs：eastern U. S. medina group and western U.S. mesaverde group and frontier formation[C]//SPE Rocky Mountain Regional/Low-Permeability Reservoirs Symposium and Exhibition. March 12-15，2000. Denver，Colorado. SPE，2000.

[60] KWON O，KRONENBERG A K，GANGI A F，et al. Permeability of Wilcox shale and its effective pressure law[J]. Journal of geophysical research：solid earth，2001，106(9)：19339-19353.

[61] JONES S C. Two-point determinations of permeability and PV vs. net confining stress[J].SPE formation evaluation，1988，3(1)：235-241.

[62] THOMAS R D，WARD D C. Effect of overburden pressure and water saturation on gas permeability of tight sandstone cores[J].Journal of petroleum technology，1972，24(2)：120-124.

[63] DOYEN P M. Permeability，conductivity，and pore geometry of sandstone [J].Journal of geophysical research：solid earth，1988，93(7)：7729-7740.

[64] HU X,LIANG W,HOU S J,et al.Experimental study of effect of temperature and stress on permeability characteristics of raw coal and shaped coal[J].Chinese journal of rock mechanics and engineering,2012,31(6):1222-1229.

[65] KILMER N H,MORROW N R,PITMAN J K.Pressure sensitivity of low permeability sandstones[J].Journal of petroleum science and engineering,1987,1(1):65-81.

[66] CHO Y,APAYDIN O G,OZKAN E.Pressure-dependent natural-fracture permeability in shale and its effect on shale-gas well production[C]//SPE Annual Technical Conference and Exhibition.October 8-10,2012.San Antonio,Texas,USA.SPE,2012.

[67] OZKAN E,RAGHAVAN R,APAYDIN O G.Modeling of fluid transfer from shale matrix to fracture network[C]//SPE Annual Technical Conference and Exhibition.September 19-22,2010.Florence,Italy.SPE,2010.

[68] BRUNO M S.Micromechanics of stress-induced permeability anisotropy and damage in sedimentary rock[J].Mechanics of materials,1994,18(1):31-48.

[69] MCLATCHIE A S,HEMSTOCK R A,YOUNG J W.The effective compressibility of reservoir rock and its effects on permeability[J].Journal of petroleum technology,1958,10(6):49-51.

[70] WILSON R K,AIFANTIS E C.On the theory of consolidation with double porosity[J].International journal of engineering science,1982,20(9):1009-1035.

[71] ZHANG Y F,ZHAO Y,ZANG A,et al.Acoustic emission evolution and hydraulic fracture morphology of Changning shale stressed to failure at different injection rates in the laboratory[J].Rock mechanics and rock engineering,2024,57(2):1287-1308.

[72] LI S,QIN Y,TANG D Z,et al.A comprehensive review of deep coalbed methane and recent developments in China[J].International journal of coal geology,2023,279:104369.

[73] 李道品.低渗透砂岩油田开发[M].北京:石油工业出版社,1997.

[74] 曾联波,高春宇,漆家福,等.鄂尔多斯盆地陇东地区特低渗透砂岩储层裂缝分布规律及其渗流作用[J].中国科学,2008(增刊1):41-47.

[75] 唐曾熊.油气藏的开发分类及描述[M].北京:石油工业出版社,1994.

[76] 张金庆,杨凯雷,梁斌.我国海上低渗油田分类标准研究[J].中国海上油气,

2012,24(6):25-27.
[77] SPENCER C W.Review of characteristics of low-permeability gas reservoirs in western United States[J].AAPG bulletin,1989,73:613-629.
[78] DAVID C,WONG T F,ZHU W L,et al.Laboratory measurement of compaction-induced permeability change in porous rocks:implications for the generation and maintenance of pore pressure excess in the crust[J].Pure and applied geophysics,1994,143(1):425-456.
[79] BROWER K R,MORROW N R.Fluid flow in cracks as related to low-permeability gas sands[J].Society of petroleum engineers journal,1985,25(2):191-201.
[80] SOEDER D J,RANDOLPH P L.Porosity,permeability,and pore structure of the tight mesaverde sandstone,piceance basin,Colorado[J].SPE formation evaluation,1987,2(2):129-136.
[81] BRIGHENTI G.Effect of confining pressure on gas permeability of tight sandstones[J].ISRM international symposium,1989(1):187-194.
[82] MACBETH C.A classification for the pressure-sensitivity properties of a sandstone rock frame[J].Geophysics,2004,69(2):497-510.
[83] BYRNES A P,SAMPATH K,RANDOLPH P L.Effect of pressure and water saturation on permeability of western tight sandstones[C]//Fifth Annual DOE Symposium on Enhanced Oil and Gas Recovery and Improved Drilling Technology,1979.
[84] XU T,TANG C A,YANG T H,et al.Numerical investigation of coal and gas outbursts in underground collieries[J].International journal of rock mechanics and mining sciences,2006,43(6):905-919.
[85] SOMERTON W H,SÖYLEMEZOGLU I M,DUDLEY R C.Effect of stress on permeability of coal[J].International journal of rock mechanics and mining sciences and geomechanics abstracts,1975,12(5/6):129-145.
[86] CHEN Z W,PAN Z J,LIU J S,et al.Effect of the effective stress coefficient and sorption-induced strain on the evolution of coal permeability:experimental observations[J].International journal of greenhouse gas control,2011,5(5):1284-1293.
[87] 于永江,张华,张春会,等.温度及应力对成型煤样渗透性的影响[J].煤炭学报,2013,38(6):936-941.
[88] JASINGE D,RANJITH P G,CHOI S K.Effects of effective stress

changes on permeability of Latrobe valley brown coal[J].Fuel,2011,90(3):1292-1300.

[89] 吴财芳,曾勇,秦勇.煤与瓦斯共采技术的研究现状及其应用发展[J].中国矿业大学学报,2004,33(2):137-140.

[90] YU H G,ZHOU G Z,FAN W T,et al.Predicted CO_2 enhanced coalbed methane recovery and CO_2 sequestration in China[J].International journal of coal geology,2007,71(2/3):345-357.

[91] KARACAN C Ö.Swelling-induced volumetric strains internal to a stressed coal associated with CO_2 sorption[J].International journal of coal geology,2007,72(3/4):209-220.

[92] HUANG L K,TAN J,FU H F,et al.The non-plane initiation and propagation mechanism of multiple hydraulic fractures in tight reservoirs considering stress shadow effects[J].Engineering fracture mechanics,2023,292:109570.

[93] CIPOLLA C L,LOLON E P,ERDLE J C,et al.Reservoir modeling in shale-gas reservoirs[C]//SPE Eastern Regional Meeting.September 23-25,2009.Charleston,West Virginia,USA. SPE,2009.

[94] JAVADPOUR F,FISHER D,UNSWORTH M.Nanoscale gas flow in shale gas sediments[J].Journal of Canadian petroleum technology,2007,46(10):55-61.

[95] BAIHLY J,ALTMAN R,MALPANI R,et al.Shale gas production decline trend comparison over time and basins[C]//SPE Annual Technical Conference and Exhibition.September 19-22,2010.Florence,Italy.SPE,2010.

[96] OZKAN E,BROWN M,RAGHAVAN R,et al.Comparison of fractured-horizontal-well performance in tight sand and shale reservoirs[J]. SPE reservoir evaluation and engineering,2011,14(2):248-259.

[97] SOEDER D J.Porosity and permeability of eastern Devonian gas shale[J]. SPE formation evaluation,1988,3(1):116-124.

[98] 王海柱,沈忠厚,李根生.超临界 CO_2 开发页岩气技术[J].石油钻探技术,2011,39(3):30-35.

[99] GHARBI O,BIJELJIC B,BOEK E,et al.Changes in pore structure and connectivity induced by CO_2 injection in carbonates:a combined pore-scale approach[J].Energy procedia,2013,37:5367-5378.

[100] NILSSON M A,KULKARNI R,GERBERICH L,et al.Effect of fluid

rheology on enhanced oil recovery in a microfluidic sandstone device[J]. Journal of non-Newtonian fluid mechanics,2013,202:112-119.

[101] ZHOU F D,HUSSAIN F,CINAR Y.Injecting pure N_2 and CO_2 to coal for enhanced coalbed methane:experimental observations and numerical simulation[J].International journal of coal geology,2013,116:53-62.

[102] QU H Y,LIU J S,CHEN Z W,et al.Complex evolution of coal permeability during CO_2 injection under variable temperatures[J].International journal of greenhouse gas control,2012,9:281-293.

[103] VAN BERGEN F,GALE J,DAMEN K J,et al.Worldwide selection of early opportunities for CO_2-enhanced oil recovery and CO_2-enhanced coal bed methane production[J].Energy,2004,29(9/10):1611-1621.

[104] ENICK R M,OLSEN D,AMMER J,et al.Mobility and conformance control for CO_2 EOR via thickeners,foams,and gels-A literature review of 40 years of research and pilot tests[C]//SPE Improved Oil Recovery Symposium.April 14-18,2012.Tulsa ,Oklahoma,USA. SPE,2012.

[105] TSANG C F,BIRKHOLZER J,RUTQVIST J.A comparative review of hydrologic issues involved in geologic storage of CO_2 and injection disposal of liquid waste[J].Environmental geology,2008,54(8):1723-1737.

[106] NEUZIL C E.Can shale safely host U.S. nuclear waste? [J].Eos,transactions American geophysical union,2013,94(30):261-262.

[107] ZHENG L G,SAMPER J,MONTENEGRO L,et al.A coupled THMC model of a heating and hydration laboratory experiment in unsaturated compacted FEBEX bentonite[J].Journal of hydrology,2010,386(1/2/3/4):80-94.

[108] BERRYMAN J G,BLAIR S C.Use of digital image analysis to estimate fluid permeability of porous materials: application of two-point correlation functions [J]. Journal of applied physics, 1986, 60 (6): 1930-1938.

[109] WALSH J B.Effect of pore pressure and confining pressure on fracture permeability[J].International journal of rock mechanics and mining sciences and geomechanics abstracts,1981,18(5):429-435.

[110] WALSH J B,BRACE W F.The effect of pressure on porosity and the transport properties of rock[J].Journal of geophysical research: solid earth,1984,89(11):9425-9431.

[111] WALSH J B,GROSENBAUGH M A.A new model for analyzing the effect of fractures on compressibility[J].Journal of geophysical research:solid earth,1979,84(7):3532-3536.

[112] GANGI A F.Variation of whole and fractured porous rock permeability with confining pressure[J].International journal of rock mechanics and mining sciences and geomechanics abstracts,1978,15(5):249-257.

[113] OSTENSEN R W.Microcrack permeability in tight gas sandstone[J].Society of petroleum engineers journal,1983,23(6):919-927.

[114] MORROW N,BROWER K,KILMER N.Relationship of pore structure to fluid behavior in low permeability gas sands:phase Ⅱ.Final technical report[J].Geology,1984(1):128245974.

[115] JONES C,SOMERVILLE J M,SMART B G D,et al.Permeability prediction using stress sensitive petrophysical properties[J].Petroleum geoscience,2001,7(2):211-219.

[116] MILSCH H,BLÖCHER G,ENGELMANN S.The relationship between hydraulic and electrical transport properties in sandstones:an experimental evaluation of several scaling models[J].Earth and planetary science letters,2008,275(3/4):355-363.

[117] SHAPIRO S A.Elastic piezosensitivity of porous and fractured rocks[J].Geophysics,2003,68(2):482-486.

[118] SHAPIRO S A,KASELOW A.Porosity and elastic anisotropy of rocks under tectonic stress and pore-pressure changes[J].Geophysics,2005,70(5):N27-N38.

[119] 鞠杨,杨永明,宋振铎,等.岩石孔隙结构的统计模型[J].中国科学,2008,38(7):1026-1041.

[120] BLUNT M J,BIJELJIC B,DONG H,et al.Pore-scale imaging and modelling[J].Advances in water resources,2013,51:197-216.

[121] SOEDER D J,RANDOLPH P L.Porosity,permeability,and pore structure of the tight mesaverde sandstone,piceance basin,Colorado[J].SPE formation evaluation,1987,2(2):129-136.

[122] BLUNT M J,JACKSON M D,PIRI M,et al.Detailed physics,predictive capabilities and macroscopic consequences for pore-network models of multiphase flow[J].Advances in water resources,2002,25(8/9/10/11/12):1069-1089.

[123] DONG H.Micro CT imaging and pore network extraction,earth science and engineering[M].London:Imperial College,2007.

[124] SUN H F,YANG Z K,XING M X,et al.CT investigation of fracture mechanism of soil-rock mixtures[J].Applied mechanics and materials,2012,204/205/206/207/208:67-71.

[125] JU Y,WANG J B,GAO F,et al.Lattice-Boltzmann simulation of microscale CH_4 flow in porous rock subject to force-induced deformation [J].Chinese science bulletin,2014,59(26):3292-3303.

[126] JU Y,YANG Y M,PENG R D,et al.Effects of pore structures on static mechanical properties of sandstone[J].Journal of geotechnical and geoenvironmental engineering,2013,139(10):1745-1755.

[127] JU Y,YANG Y M,SONG Z D,et al.A statistical model for porous structure of rocks[J].Science in China series E:technological sciences,2008,51(11):2040-2058.

[128] JU Y,ZHENG J T,EPSTEIN M,et al.3D numerical reconstruction of well-connected porous structure of rock using fractal algorithms[J].Computer methods in applied mechanics and engineering,2014,279:212-226.

[129] WANG J B,JU Y,HUANG Y H,et al.Study of the influence of porous structure on the permeability of rock using lattice Boltzmann method [J].Procedia engineering,2015,102:1835-1841.

[130] ZHENG J T,JU Y,WANG J B,et al.3D numerical reconstruction of poorly connected porous sandstones[C]//47th US Rock Mechanics/Geomechanics Symposium,2013.

[131] ZHENG J T,JU Y,ZHAO X.Influence of pore structures on the mechanical behavior of low-permeability sandstones:numerical reconstruction and analysis[J].International journal of coal science and technology,2014,1(3):329-337.

[132] BALHOFF M T,THOMPSON K E.Modeling the steady flow of yield-stress fluids in packed beds[J].AIChE journal,2004,50(12):3034-3048.

[133] WILLSON C S,STACEY R W,HAM K,et al.Investigating the correlation between residual nonwetting phase liquids and pore-scale geometry and topology using synchrotron X-ray tomography[C]//Developments in X-Ray Tomography IV.Denver,CO. SPIE,2004.

[134] WILDENSCHILD D,SHEPPARD A P.X-ray imaging and analysis techniques for quantifying pore-scale structure and processes in subsurface porous medium systems[J]. Advances in water resources, 2013, 51: 217-246.
[135] WERTH C J,ZHANG C Y,BRUSSEAU M L,et al.A review of non-invasive imaging methods and applications in contaminant hydrogeology research[J].Journal of contaminant hydrology,2010,113(1/2/3/4):1-24.
[136] CHALMERS G R,BUSTIN R M,POWER I M.Characterization of gas shale pore systems by porosimetry,pycnometry,surface area,and field emission scanning electron microscopy/transmission electron microscopy image analyses: examples from the Barnett, Woodford, Haynesville, Marcellus,and Doig units[J].Bulletin of the American association of petroleum geologists,2012,96(6):1099-1119.
[137] LIANG C,JIANG Z X,ZHANG C M,et al.The shale characteristics and shale gas exploration prospects of the Lower Silurian Longmaxi shale, Sichuan Basin,South China[J].Journal of natural gas science and engineering,2014,21:636-648.
[138] 蒲泊伶,董大忠,吴松涛,等.川南地区下古生界海相页岩微观储集空间类型[J].中国石油大学学报(自然科学版),2014,38(4):19-25.
[139] 王志刚.涪陵页岩气勘探开发重大突破与启示[J].石油与天然气地质,2015,36(1):1-6.
[140] WANG M R,PAN N.Predictions of effective physical properties of complex multiphase materials[J].Materials science and engineering,2008,63(1):1-30.
[141] GENSTERBLUM Y,GHANIZADEH A,CUSS R J,et al.Gas transport and storage capacity in shale gas reservoirs: a review. Part A: transport processes[J].Journal of unconventional oil and gas resources,2015,12: 87-122.
[142] JU Y,ZHENG J T,EPSTEIN M,et al.3D numerical reconstruction of well-connected porous structure of rock using fractal algorithms[J]. Computer methods in applied mechanics and engineering, 2014, 279: 212-226.
[143] ZHU W C,LIU J,SHENG J C,et al.Analysis of coupled gas flow and deformation process with desorption and Klinkenberg effects in coal

seams[J].International journal of rock mechanics and mining sciences, 2007,44(7):971-980.

[144] MA J S,SANCHEZ J P,WU K J,et al.A pore network model for simulating non-ideal gas flow in micro- and nano-porous materials[J].Fuel, 2014,116:498-508.

[145] CUI X,BUSTIN A M M,BUSTIN R M.Measurements of gas permeability and diffusivity of tight reservoir rocks: different approaches and their applications[J].Geofluids,2009,9(3):208-223.

[146] CAI Q,BUTS A,SEATON N A,et al.A pore network model for diffusion in nanoporous carbons:validation by molecular dynamics simulation [J].Chemical engineering science,2008,63(13):3319-3327.

[147] LIU H H,LAI B T,CHEN J H.Unconventional spontaneous imbibition into shale matrix: theory and a methodology to determine relevant parameters[J].Transport in porous media,2016,111(1):41-57.

[148] LIU H H,LI L C,BIRKHOLZER J.Unsaturated properties for non-Darcian water flow in clay[J].Journal of hydrology,2012,430:173-178.

[149] LIU H H,BIRKHOLZER J.On the relationship between water flux and hydraulic gradient for unsaturated and saturated clay[J].Journal of hydrology,2012,475:242-247.

[150] JOLY L.Capillary filling with giant liquid/solid slip:dynamics of water uptake by carbon nanotubes[J].The journal of chemical physics,2011, 135(21):214705.

[151] ZHANG L Y,WU K L,CHEN Z X,et al.Quasi-continuum water flow under nanoconfined conditions: coupling the effective viscosity and the slip length[J].Industrial and engineering chemistry research,2020,59 (46):20504-20514.

[152] ZHANG T,LI X F,YIN Y,et al.The transport behaviors of oil in nanopores and nanoporous media of shale[J].Fuel,2019,242:305-315.

[153] O'LOUGHLIN M,WILK K,PRIEST C,et al.Capillary rise dynamics of aqueous glycerol solutions in glass capillaries: a critical examination of the Washburn equation[J].Journal of colloid and interface science,2013, 411:257-264.

[154] DIMITROV D I,MILCHEV A,BINDER K.Capillary rise in nanopores: molecular dynamics evidence for the Lucas-Washburn equation[J].Phys-

ical review letters,2007,99(5):054501.

[155] GRUENER S,HOFMANN T,WALLACHER D,et al.Capillary rise of water in hydrophilic nanopores[J].Physical review E,2009,79(6):067301.

[156] HAMRAOUI A,THURESSON K,NYLANDER T,et al.Can a dynamic contact angle be understood in terms of a friction coefficient? [J].Journal of colloid and interface science,2000,226(2):199-204.

[157] HANDY L L.Determination of effective capillary pressures for porous media from imbibition data[J].Transactions of the AIME,1960,219(1):75-80.

[158] LI K W,HORNE R N.Characterization of spontaneous water imbibition into gas-saturated rocks[J].SPE journal,2001,6(4):375-384.

[159] CAI J C,YU B M.A discussion of the effect of tortuosity on the capillary imbibition in porous media[J].Transport in porous media,2011,89(2):251-263.

[160] CAI J C,PERFECT E,CHENG C L,et al.Generalized modeling of spontaneous imbibition based on Hagen-Poiseuille flow in tortuous capillaries with variably shaped apertures[J].Langmuir,2014,30(18):5142-5151.

[161] ENGELDER T,CATHLES L M,BRYNDZIA L T.The fate of residual treatment water in gas shale[J].Journal of unconventional oil and gas resources,2014,7:33-48.

[162] GHANBARI E,DEHGHANPOUR H.The fate of fracturing water:a field and simulation study[J].Fuel,2016,163:282-294.

[163] MAKHANOV K,HABIBI A,DEHGHANPOUR H,et al.Liquid uptake of gas shales:a workflow to estimate water loss during shut-in periods after fracturing operations[J].Journal of unconventional oil and gas resources,2014,7:22-32.

[164] 刘斌,吴惠梅,翟晓鹏.涪陵页岩气井压裂后返排及生产特征研究[J].辽宁化工,2015,44(10):1237-1239.

[165] DEHGHANPOUR H,LAN Q,SAEED Y,et al.Spontaneous imbibition of brine and oil in gas shales:effect of water adsorption and resulting microfractures[J].Energy and fuels,2013,27(6):3039-3049.

[166] LAN Q,XU M X,BINAZADEH M,et al.A comparative investigation of shale wettability:the significance of pore connectivity[J].Journal of natural gas science and engineering,2015,27:1174-1188.

[167] GHANBARI E, DEHGHANPOUR H. Impact of rock fabric on water imbibition and salt diffusion in gas shales[J]. International journal of coal geology, 2015, 138: 55-67.

[168] XU M, DEHGHANPOUR H. Advances in understanding wettability of gas shales[J]. Energy and fuels, 2014, 28(7): 4362-4375.

[169] HU Q H, EWING R P, ROWE H D. Low nanopore connectivity limits gas production in Barnett formation[J]. Journal of geophysical research: solid earth, 2015, 120(12): 8073-8087.

[170] HU Q H, EWING R P, DULTZ S. Low pore connectivity in natural rock [J]. Journal of contaminant hydrology, 2012, 133: 76-83.

[171] GE H K, YANG L, SHEN Y H, et al. Experimental investigation of shale imbibition capacity and the factors influencing loss of hydraulic fracturing fluids[J]. Petroleum science, 2015, 12(4): 636-650.

[172] MENG M M, GE H K, JI W M, et al. Investigation on the variation of shale permeability with spontaneous imbibition time: sandstones and volcanic rocks as comparative study[J]. Journal of natural gas science and engineering, 2015, 27: 1546-1554.

[173] YANG L, GE H K, SHI X, et al. The effect of microstructure and rock mineralogy on water imbibition characteristics in tight reservoirs[J]. Journal of natural gas science and engineering, 2016, 34: 1461-1471.

[174] SUN Y P, BAI B J, WEI M Z. Microfracture and surfactant impact on linear cocurrent brine imbibition in gas-saturated shale[J]. Energy and fuels, 2015, 29(3): 1438-1446.

[175] ROYCHAUDHURI B, TSOTSIS T T, JESSEN K. An experimental investigation of spontaneous imbibition in gas shales[J]. Journal of petroleum science and engineering, 2013, 111: 87-97.

[176] FAKCHAROENPHOL P, TORCUK M, KAZEMI H, et al. Effect of shut-in time on gas flow rate in hydraulic fractured shale reservoirs[J]. Journal of natural gas science and engineering, 2016, 32: 109-121.

[177] SUSSMAN M, FATEMI E, SMEREKA P, et al. An improved level set method for incompressible two-phase flows[J]. Computers and fluids, 1998, 27(5/6): 663-680.

[178] BIRDSELL D T, RAJARAM H, LACKEY G. Imbibition of hydraulic fracturing fluids into partially saturated shale[J]. Water resources re-

search,2015,51(8):6787-6796.

[179] SADJADI Z,RIEGER H.Scaling theory for spontaneous imbibition in random networks of elongated pores[J].Physical review letters,2013,110(14):144502.

[180] HUANG H B,SUKOP M C,LU X Y.Multiphase Lattice Boltzmann methods:theory and application[M].Hoboken:Wiley,2015.

[181] CHEN S Y,DOOLEN G D.Lattice Boltzmann method for fluid flows[J].Annual review of fluid mechanics,1998,30:329-364.

第 2 章　低渗岩石内部非连续结构识别与重构

天然岩体介质内部含有大量形态复杂、尺寸不一和随机分布的孔隙、裂隙等非连续结构，这些非连续结构从根本上决定着岩体介质的物理力学性质，特别是对其内部流体输运行为具有重要影响。因此，正确认识和定量描述岩石内部非连续结构及其对岩体介质物理力学行为的影响，对于实际工程应用具有重大意义。近年来，图像技术的快速发展为岩石内部非连续结构的识别提供了强有力的工具，并逐渐从学术研究领域拓展到工程实践应用中。本章首先介绍利用扫描电镜（SEM）、聚焦离子束切割-扫描电镜（FIB-SEM）、X 射线三维扫描（CT）等方式获取岩石内部非连结构及其优缺点，其次介绍基于数字图像处理手段定量表征岩石内部非连续结构特征的方法，最后介绍采用计算机手段进行岩石三维非连续结构重构的方法。

2.1　低渗岩石内部非连续结构识别

当前获取岩石表面结构图像信息的方法主要有光学显微镜、SEM 等，获取岩石内部三维结构的途径主要有工业 CT[1-14]、核磁共振成像技术（MRI）[15-16]、聚焦离子束切割与扫描电镜观测相结合的超高精度岩石三维结构信息提取（FIB-SEM）[17-20]，不同的观测方法各有优势，应根据实际研究需要选择合适的研究手段。

2.1.1　SEM

SEM 具有高放大倍数、高分辨率的优点，可以对材料中的微纳米级结构进行直观的观测和分析。通常场发射扫描电子显微镜具备较大的样品仓，可以结合小型加载装置实现实时加载及观测，为低渗岩石等多孔材料内部孔-裂隙结构变形的观测带来了极大便利。SEM 的工作原理是通过高能电子束去激发物体表面的各种信息，将电子与物质相互作用得到的信息采集放大，进行再成像后实现物体微观形貌的观测。形貌特征的刻画主要是由样品表面被入射电子电离后产生的二次电子来完成。与 SEM 观测岩石样品表面结构形态类似的手段有场发射扫描电镜观测(FE-SEM)[21-23]、背散射电子成像(BSE)[24-25]或透射电子显微镜(TEM)[26]等。

以煤为例,其内部蕴含复杂的孔隙、裂隙结构,具有形貌各异、非均匀分布等特征。通过扫描电镜静态扫描可以对煤中的孔隙观测分析,在不同的放大倍数下,可以观察到不同类型的孔隙结构。图 2-1(a)中可以观测到煤基质和微裂隙、孔隙的分布。图 2-1(b)中的孔隙是煤基质中矿物溶解产生的溶蚀孔隙。图 2-1(c)中的是植物组织孔,植物组织孔代表在整个成煤过程中保存下来的完整的原生孔隙。图 2-1(d)显示了煤中的一些气孔,这些气孔是由变质作用产气形成的次生孔隙。图 2-1(e)显示了粒间孔隙,这代表成岩作用和早期变质作用期间通过固结和脱水形成的空间。粒间孔隙在煤的连通孔隙系统中起着重要作用。图 2-1(f)显示了一些粒内孔隙,这些孔隙在煤基质中很少相互连接。在煤中还有一些其他类型的孔隙,如图 2-1(g)展示的层间狭长孔隙,其成群出现,孔隙与孔隙之间连通性较好。图 2-1(h)展示了单个狭长孔隙,它与其他孔隙并不相连。图 2-1(i)展示的则是一些没有规律的复杂孔隙,既有粒间孔也有粒内孔,其孔隙尺寸在微米以下。图 2-1(j)展示的是孔-裂隙贯通,微观裂隙通道宽度不足 1 μm,其与周围的粒间孔隙相连。

2.1.2 FIB-SEM

FIB-SEM 结合聚焦离子薄片切割(FIB)和扫描电镜(SEM)表面形貌观测获取岩石内部三维孔隙结构[27],具有观测精度高的特点。其中,FIB 通过加速的离子束实现材料的溅射、切割或刻蚀,切割层的精度可达纳米量级;SEM 同样具有纳米量级的观测精度,二者交替进行,通过对多组切片表面的观测经图像堆叠后可实现三维三个方向纳米精度的表征。FIB-SEM 凭借其纳米尺度的加工和成像能力,成为多学科交叉研究的重要工具,广泛应用于基础科学研究和工业领域。

Klaver 等[28]采用 BIB-SEM 结合的方式获得了页岩内部的三维微观孔隙结构,并对比了基于图像分析得到的孔隙率和基于压汞试验(MIP)获得的孔隙率,发现 MIP 获得的孔隙率要高于图像分析得到的结果,且 MIP 可以测量的最小孔隙尺寸大约为 3 nm,而 BIB-SEM 可以观测的最小孔隙尺寸为 70 nm 左右。由于 BIB-SEM 未能得到尺寸为 3～70 nm 的孔隙分布,因而计算得到的孔隙率更小。FIB 切割方式比 BIB 切割方式有更高的精度,Kelly 等[27]采用 FIB-SEM 结合的方式获得了页岩内部的三维微观孔隙结构,每个像素的分辨率可以达到

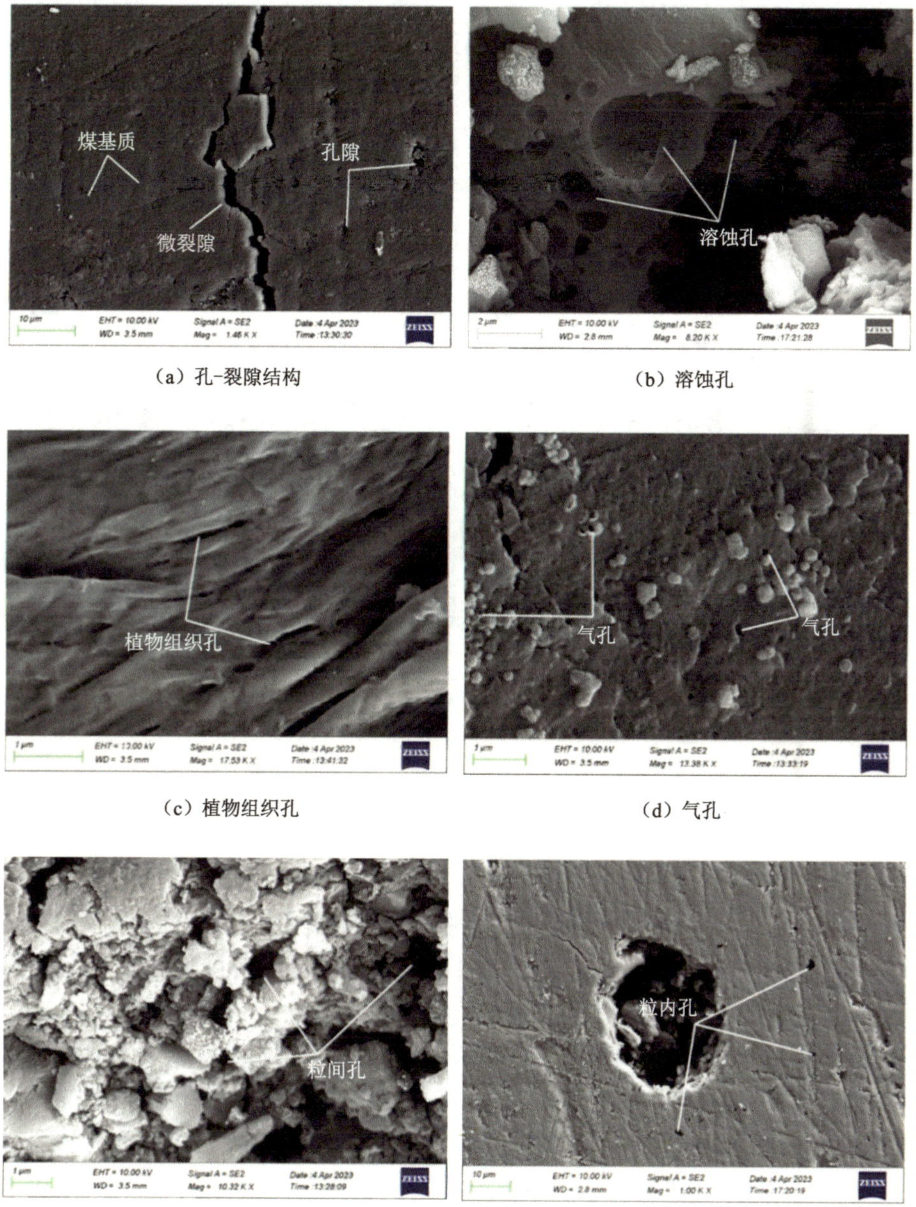

（a）孔-裂隙结构　（b）溶蚀孔

（c）植物组织孔　（d）气孔

（e）粒间孔　（f）粒内孔

图 2-1　煤样表面孔隙特征

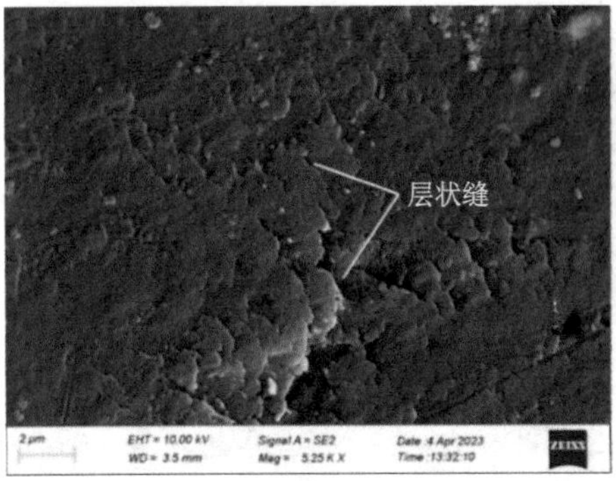

(g) 层状狭长孔隙

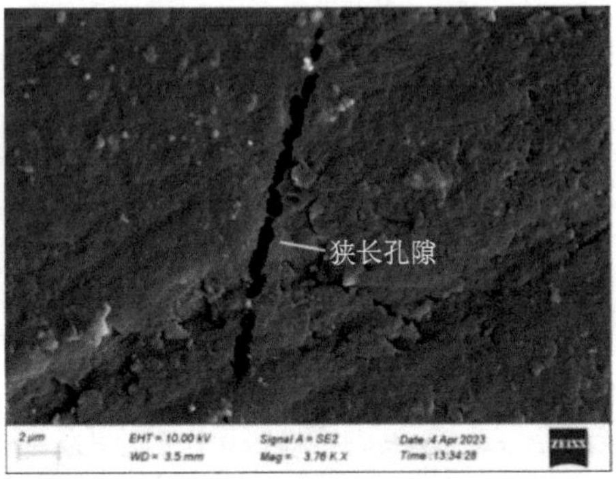

(h) 狭长孔隙

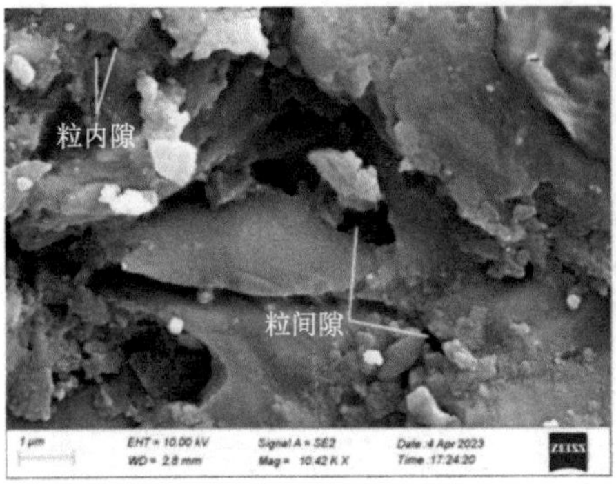

(i) 多种复杂孔隙

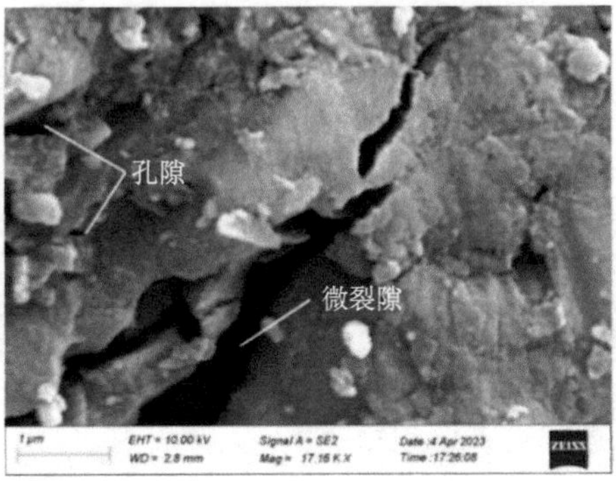

(j) 孔-裂隙贯通

图 2-1 (续)

5 nm,同时指出为了通过图像数字模型来研究岩石的物理力学性质,首先应该确定“代表体积”(REV)。为了建立代表体积单元,Kelly 等降低了分辨率来观测更大的样品尺寸,并通过 LBM 计算了数字模型的渗透率,但即使 5 000 μm^3 的代表体积依旧不能代表样品的渗透性质。而这时,岩石内部的一些纳米孔隙已经由于分辨率的降低而被湮没。基于这些研究可以看出,试验观测精度和观测视场大小间的矛盾,导致难以获得满足要求的更大尺寸的“代表体积”。同时,对于究竟多小的孔隙尺寸界限才能较合理地反映岩石内部的孔隙网络结构还存在争议。

以页岩为例,页岩是由粒径一般小于 3.9 μm 碎屑、黏土、有机质等组成的具有纹层状的一类细粒沉积岩[29],这种极小的粒径及复杂的矿物组成直接导致了页岩内部孔隙大小不一、形状各异,连通性差异巨大。与常规储藏相比,页岩内部孔隙尺寸更小，一般在纳米级别，同时孔隙结构更为复杂[30-32]。岩石内部的孔隙结构大小、分布及相互连通程度决定了油气储层的储集能力和渗透性大小[34]。纳米级的孔隙大小以及孔隙空间较差的连通性决定了页岩储藏极差的输运能力，导致油气资源生成后大部分滞留于连续分布的烃源岩中。这些微观本质特征在页岩宏观物理参数上反映为孔隙度较低（普遍小于 10%）、渗透率极低（10^{-6}～10^{-1} mD）。页岩内部的孔隙类型包括不同矿物质自身内部的无机孔、矿物质之间的粒间孔、溶蚀孔、有机质（干酪根）内部的孔隙、由于构造应力或生烃过程产生的微裂缝。从孔隙形态进行划分可以分为裂纹状、圆孔状、蜂窝状、絮状、多边形等。众多学者的研究[23,26,34-36]得出绪论：干酪根内的孔隙是伴随着干酪根生烃过程产生的，大体形态为蜂窝状，尺寸从几纳米到几十纳米，这些干酪根的孔隙率可达 50%。黏土矿物内部的孔隙结构具有很大的比表面积，为页岩气产出后的吸附存储提供了空间。粒间孔和微裂缝不仅是有效的页岩气存储空间，而且可以连接其他孔隙构成有效的孔隙网络，有助于页岩气的产出。石英、长石矿物内的孔隙多为孤立孔。黄铁矿（多见于龙马溪组页岩）内晶粒之间的孔隙较大，可作为页岩气的有效存储空间。

通过 FIB-SEM 观测龙马溪 3 000～4 000 m 埋深页岩内部孔隙结构，图 2-2 展示了页岩内部粒间孔隙、有机质孔隙、粒内孔隙以及裂隙等结构特征。图中三种孔隙结构不仅在形貌上有巨大差异，而且三者表面润湿性各不相同，粒间孔和微裂纹为亲水孔，而有机质为疏水孔。

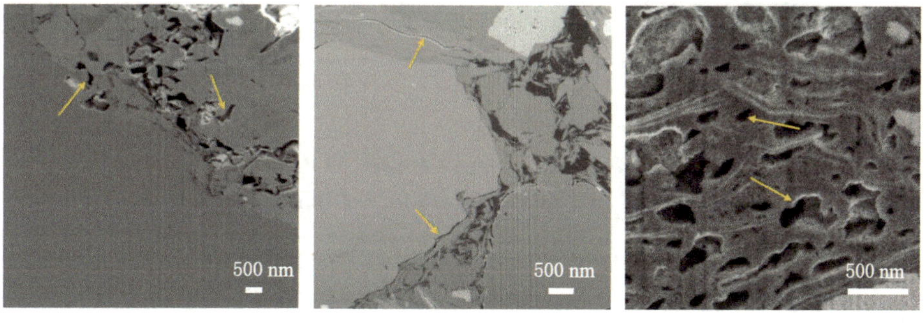

（a）粒间孔隙　（b）颗粒间微裂纹　（c）有机质孔

图 2-2　页岩内部纳米尺度孔隙、裂隙结构

通过对 FIB-SEM 多个切片图像进行堆叠重构可得岩石内部纳米精度三维非连续结构，图 2-3 展示了采用 FIB-SEM 获得的龙马溪 3 000～4 000 m 埋深页岩样品的纳米三维结构。经分析，页岩内大部分孔隙孔径在 10～40 nm 之间，

同时包括少许尺寸较大的微裂隙及孔隙。与同一表征单元内的纳米孔隙相比，尤其是那些有机质内具有高孔隙度和良好连通性的纳米孔隙，裂隙展现出了更高的渗透率以及更强的气体运移能力。该三维高精度模型可以为刻画龙马溪组页岩多尺度微观结构、量化微结构对页岩气运移能力以及压裂潜能的影响提供技术途径和试验依据。

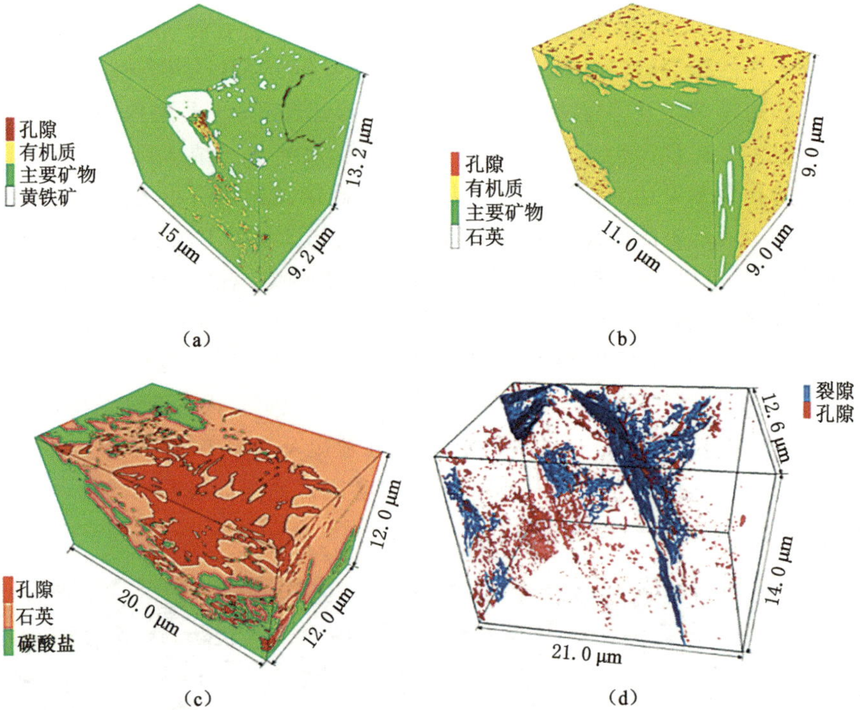

图 2-3　基于 FIB-SEM 获得的页岩三维数字重构图像

2.1.3　CT 扫描

工业 CT 是工业用计算机断层成像技术的简称，它能在对检测物体无损伤条件下，以二维断层图像或三维立体图像的形式，清晰、准确、直观地展示被检测物体内部的结构、组成、材质及缺损状况，被誉为当今最佳无损检测和无损评估技术。

当前实验室用 X 射线 CT 扫描系统一般通过高压激发 X 射线发生器发出具有高穿透性的 X 射线，穿过岩石样品后，部分被样品内部物质吸收，部分穿过岩石样品，这表现为 X 射线不同程度的衰减，衰减系数主要和样品中物质的密度和原子序数相关。由探测器接收记录的衰减影像转变为可见光后，由光电转换变为电信号，再经模拟/数字转换器转为数字图像，即投影影像。通过旋转样品或者探测器，在数据接收端可以获得不同角度的投影影像。基于多角度投影影像，通过数学算法重建岩石内部三维图像，图像中每个体素（voxel）反映该空间位置的物质和结构信息，每个体素边长代表的实际尺寸即图像的空间分辨率。近年来，CT 扫描技术用于岩石内部三维结构观测获得了快速发展，扫描精度也不断提升。微米级 CT（micro-CT）是利用锥形 X 射线穿透物体，通过不同倍数的物镜放大图像，由大量 X 射线衰减图像重构出三维的立体模型。利用微米级 CT 进行岩心扫描的特点在于不破坏样本的条件下，能够通过大量的图像数据对很小的特征面进行全面展示。目前纳米尺度精度的 CT 技术也已经被广泛应用[10]。Wildenschild 等[7]对 CT 扫描技术的发展与进步做了详细的综述。

中国矿业大学（北京）煤炭精细勘探与智能开发全国重点实验室 ACTIS300-320/225 工业微焦点 CT 扫描试验系统，由射线源、探测器、控制系统等组成。射线源包括微焦点 X 光源和常规焦点 X 光源，最高电压为 225 kV，直径 25 mm 的试样的空间分辨率可达 10 μm，适用于小试件的扫描；常规焦点 X 光源的最高电压为 320 kV，试件横截面尺寸可达 225 mm。常规扫描时间为 25 min，试件置于转台上随转台做 360°旋转，投影数为 1 500 幅，能够迅速生成分辨率为 2 048×2 048×2 048（体素）的岩石三维结构图像。CT 控制平台及扫描设备如图 2-4 所示。

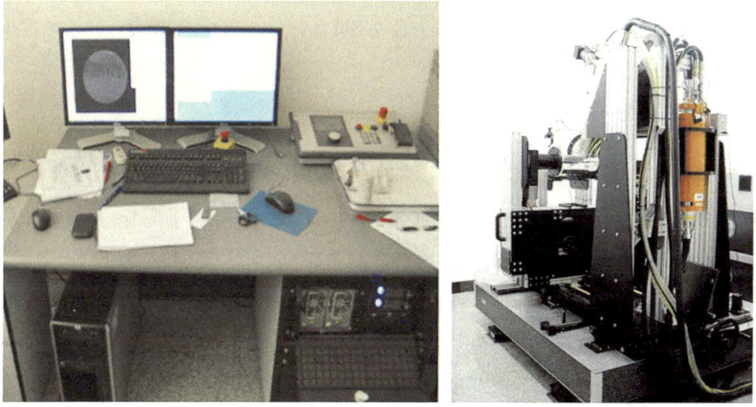

(a) 控制平台　　(b) 扫描设备

图 2-4　CT 控制平台和扫描设备

图 2-5 分别展示了人造砂岩、天然高渗储层砂岩、低渗砂岩、含微裂纹页岩、含纹层页岩、压缩破坏后煤的 CT 扫描切片图。其中，颜色最暗的部分为孔隙、裂隙、微裂纹结构，其余部分为由不同矿物组成的岩石基质，颜色越亮代表矿物质密度越高。

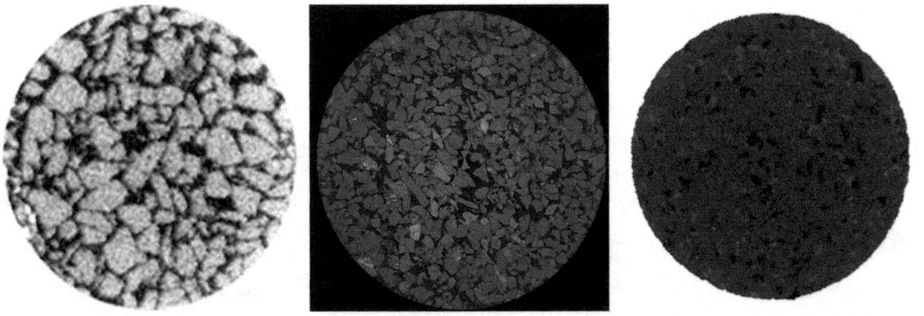

(a) 人造砂岩　(b) 天然高渗储层砂岩　(c) 低渗砂岩

(d) 含微裂纹页岩　(e) 含纹层页岩　(f) 压缩破坏后煤的CT扫描切片图

图 2-5　CT 扫描获得的切片图像

借助三维可视化手段可以将 CT 扫描图像构建为三维数字化模型，并将岩心内部非连续结构直观呈现。现有商业软件 Avizo 三维可视化工具可以进行数据可视化，利用 Avizo 提供的强大的数据处理功能，不仅可以表现出岩心三维立体的空间结构，同时还可以利用 Avizo 的数值模拟功能实现岩心内部油藏流动的动态模拟展示。在 Avizo 中的 image segmentation 选项中选取适当的分割方法可以将实际样本中的不同密度的物质按照灰度区间分割，并直观地呈现各组分的三维空间结构(其中可以将这些三维立体结构以旋转、切割、透明等各种效果呈现)。

2.2 岩石内部非连续结构量化表征

图像观测识别手段的快速发展为获取岩石内部非连续结构提供了有效手段，同时也推动了从微细观结构出发探究低渗岩石宏观物理力学性质的相关研究[37]。其中，低渗岩石微细观结构的准确提取与定量表征是构建相关数字化模型并进行数值分析的基础。

2.2.1 图像处理

低渗岩石内部非连续结构形态复杂、大小不一、尺寸各异，受限于图像精度和观测图像尺度的内在矛盾，一般应先进行相应的图像处理，以提高图像质量，为后续图像分割、特征结构提取和表征提供更好的图像基础。以裂隙煤岩为例，其内部存在着大量难以提取的弱边界微裂隙，而这些微裂隙却是损伤力学中最容易延伸、贯通、扩展引起破坏的部分，因此微裂隙的提取对后续煤岩破坏机理和特性的研究十分重要。在观测样品尺寸不变的前提下，图像分辨率越高，对应单位尺寸像素个数越多，图像越接近真实，微裂隙刻画越准确，对微裂隙提取越有利。然而由于实际设备及样品尺寸限制，CT 图像分辨率受限，加之煤岩体和裂隙灰度值相近，基质在 CT 图像下颜色较深（呈灰色），与 CT 图像下呈灰黑色的裂隙颜色接近，尤其是弱边界微裂隙，灰度值与周围岩体极难区分，须进行图像增强来提高图像质量。此外，虽然随着 CT 技术的发展，图像精度不断提高（0.5 μm左右），但是图像噪点难以消除。其中主要为量子噪声，要减少噪声就必须增加 X 射线剂量，通常实现噪声减半须增加约 4 倍的 X 射线剂量，技术实现困难。图像噪声和伪影会严重影响裂隙提取的准确性，尤其是微裂隙的准确提取。

为了提高图像质量，为后续图像分割及特征提取提供基础，常用的手段包括滤波处理、对比度增强、图像降噪、深度学习超分辨等。其中，滤波处理包括利用高斯滤波使图像更平滑来减少图像噪声，利用锐化滤波处理来增强图像中非连续结构的边缘，利用频域滤波来抑制低频噪声及高频伪影。对比度增强包括利用直方图均衡化提升图像的对比度，利用自适应方法在局部区域内优化对比度。图像降噪包括利用全局降噪减少图像噪声，利用迭代重建优化降低射线噪声的影响，利用非局部均值滤波（non-local means，NLM）在保留边缘细节的同时对图像中的相似像素进行去噪。近年来，快速发展的卷积神经网络（convolutional neural networks，CNN）或生成对抗网络（generative adversarial network，GAN）可以用于对 CT 图像进行超分辨率重建、噪声抑制和对比度优化，进一步提升图像质量。

以采用卷积神经网络进行超分辨进而提升微裂隙的图像精度为例，超分辨率技术(super-resolution，SR)是指从观测到的低质量、低分辨率图像通过图像处理算法获得相应的高质量、高分辨率图像[38]。该技术不但可以改进图像的视觉效果，而且对图像的后续处理如特征提取、信息识别等具有十分重要的意义[39]，十分适用于裂隙煤岩CT图像试验观测精度受限的裂隙提取。为了使裂隙煤岩CT图像中煤岩基质与裂隙边界更为清晰，并降低CT图像的噪声和伪影对裂隙提取的影响，更好地区分煤岩基质与裂隙，选用经过训练的Waifu2x网络进行超分辨前处理。受限于裂隙煤岩CT图像分辨率，部分微裂隙宽度仅有1～3个像素点，为了更好地进行微裂隙提取，采用了超分辨技术将原图进行2倍分辨率增强，在几乎无失真的前提下进行了分辨率的增强，提高了裂隙与基质之间的边界辨析度，处理前后的对比结果如图2-6所示，经超分辨和图像降噪后，图像内的微裂纹结构边界更加清晰，且图像中的噪点更少。

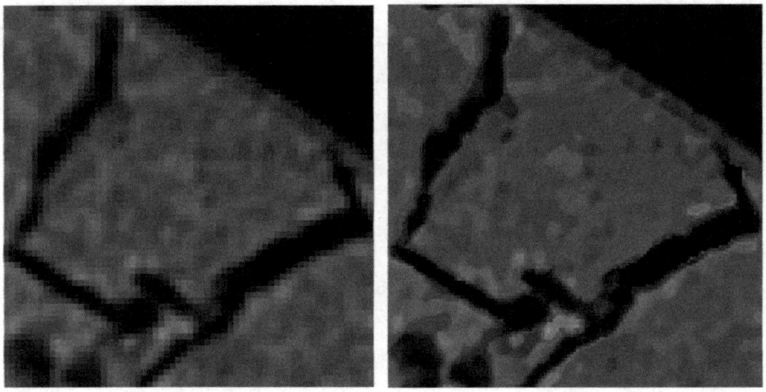
(a) CT扫描原始图像局部细节　　(b) 经超分辨和降噪处理后的图像

图2-6　CT图像处理

2.2.2　二值化

CT图像一般以灰度形式展现，由于CT图像的灰度值反映的是岩石内部物质的相对密度，因此CT图像中明亮的部分可认为是高密度物质，而深黑部分则认为是孔隙结构。例如对于8位图而言，每个体素点的灰度取值范围为0～255，值是0的体素点显示为纯黑色，而值是255的体素点显示为纯白色。所谓二值化，即通过阈值将图像分割为由0和1代表的两个组分，一般0相代表孔隙、裂隙等非连续结构，而1相代表岩石基质。常用的阈值分割方法有全局阈值分割、局部阈值分割和深度学习阈值分割。

其中，全局阈值分割通过分析图像灰度信息，采用一个灰度阈值将整个图像分割为两个部分，主要有基于灰度的双峰值特征人为确定阈值法、迭代阈值法及寻找最大类间方差的大津法（OTSU）等[40]。全局阈值分割是最简单的分割方法，适用于两相差异明显且图像质量好的情况。而对于低渗岩石，其内部孔隙、裂隙结构尺度小，尤其是微裂纹结构开度极小，在部分位置甚至不到 1 个体素点大小，受限于图像精度及图像噪声的影响，这些微裂纹位置的灰度值与其周围岩石基质的灰度值十分接近，如采用全局阈值分割，常出现微裂纹结构发生间断难以全部识别的情形，为后续力学及流体输运行为带来极大的误差。

局部阈值分割方法是指利用图像灰度梯度、分布等信息确定局部阈值，即每个体素点采用各自的阈值而不是全局阈值所采用的统一阈值。因而，相比于全局阈值来说，局部阈值具有更高的灵活性和准确性。代表性的局部阈值分割方法有分水岭算法、基于 Hessian 矩阵的局部阈值分割方法等。Alhammadi 等[41]采用差分成像技术分割 6 mm×6 mm×9 mm 图像，再通过分水岭分割用于分割固体微孔颗粒和宏观孔隙，最后通过非局部均值滤波和基于灰度值的交互阈值分割对宏观孔隙和微孔中的油相进行分割。Zhang 等[42]首先利用各向异性扩散滤波器对原始灰度图像进行去噪处理。为了锐化图像中不同相位之间的边缘，对图像进行非锐化掩蔽、去噪。最后采用分水岭算法同时考虑梯度和局部强度信息对图像进行分割。Voorn 等[43]利用三维 Hessian 矩阵进行裂隙提取，并采用 Sigmoid 曲线进行校准，确保了不同方向裂隙的提取。此后在使用 Hessian 滤波进行杂质去除的基础上利用 an island 滤波进行噪声去除，并通过多尺度 Hessian 裂隙过滤器对岩石裂隙进行二值分割[44]，对于较大裂隙取得了不错的分割效果，但是部分微裂隙的提取有待改进。Iassonov 等[45]对全局阈值和局部自适应阈值分割常用的算法进行了对比，发现大多数算法都不具有普适性。

深度学习算法阈值分割是指利用神经网络自动化方法或与传统图像处理结合的机器学习方法将图像进行分割的方法，主要包括基于卷积神经网络直接生成分割结果的方法，如 U-net 和 Segnet 等。基于监督学习的方法，人为标注少量数据，并用于标注图像的分割和识别。结合阈值分割的深度学习方法，主要是用深度学习方法优化图像分割阈值的方法。以煤内部裂隙结构 U-net 识别为例，U-net 网络是基于卷积神经网络来实现的[46]。U-net 是 Ronneberger 等[47]在 2015 年提出的一种语义分割网络，U-net 网络采用了串行的多尺度特征结构，通过跳层连接来实现特征组合，能够较好地保留图像的细节特征。由于网络深度小，其适用于裂隙煤岩的裂隙提取这种较为简单的二分类问题，同时其网络映射结构的训练较快，单张图片处理速度不到 2 s，对训练集数量要求较小，适用于裂隙煤岩的微裂隙提取这种训练集获取困难的研究。所使用的 U-net 网络结构如图 2-7 所示。

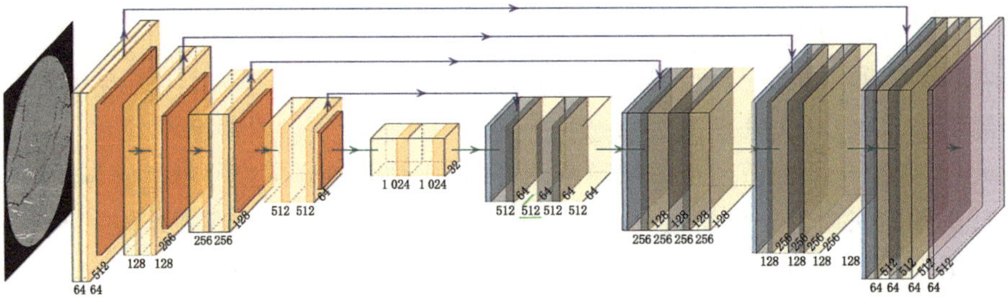

图 2-7　U-net 网络结构示意图

使用 U-net 进行裂隙结构提取首先需要基于 CT 图像进行裂隙结构标记，将标记图和原图同时输入 U-net 卷积神经网络进行训练。裂隙煤岩标记工作量大，且在三维空间难以准确标注，导致训练集缺失，进而无法进行 U-net 卷积神经网络的训练。此外，大量噪点、伪影以及裂隙煤岩间复杂的交叠裂隙，使得裂隙煤岩的手动标记工作量极为庞大。裂隙煤岩 CT 图像普遍存在分辨率较低、亮度较低、噪点较多、边界不清晰等问题，可以利用图像处理的手段解决以上问题，最后进行二值化，解决传统人工标注方法对 CT 原图进行单切片的裂隙标注费时费力的问题，我们提出“裂隙煤岩标注七步法”。第一步：通过 Waifu2x 对图片进行超分辨提高清晰度；第二步：使用 ImageJ 调整图像的亮度和对比度来提高图像亮度，旨在凸显裂隙特征；第三步：使用基于卷积神经网络原理进行降噪的 Topaz DeNoise AI 软件进行两次对全局的降噪，减少噪点，提高裂隙清晰度；第四步：使用 Topaz DeNoise AI 软件对噪声严重的局部进行降噪，防止后续二值化出现噪点；第五步：进行 ImageJ 阈值分割处理，分割出所有裂隙和小部分顽固噪点；第六步：利用 ImageJ 的 B&C 调整 Minimum 和 Maximum 获得较为干净的图像；第七步：运用数字图像处理技术，精准去除图像中的杂点。流程图如图 2-8 所示，该方法实现了标记图的批量处理，在较小损失标记准确性的前提下极大地提高了标记效率。

图 2-9 是 U-net 算法对裂隙提取效果图。相比于传统图像处理方法，U-net 神经网络裂隙的提取效果较为完整，提取后裂隙的走向、开度和分布精准，尤其是对微裂隙的提取表现较好。处理速度方面，凭借 GPU 的并行计算优势，在使用普通 GTX1060 6G 显卡的加速下，单张图片的裂隙提取速度约 2 s。最后采用图像语义分割指标对本 U-net 模型分割结果进行评测，像素准确率为 98.1%，均像素准确率为 86.8%。

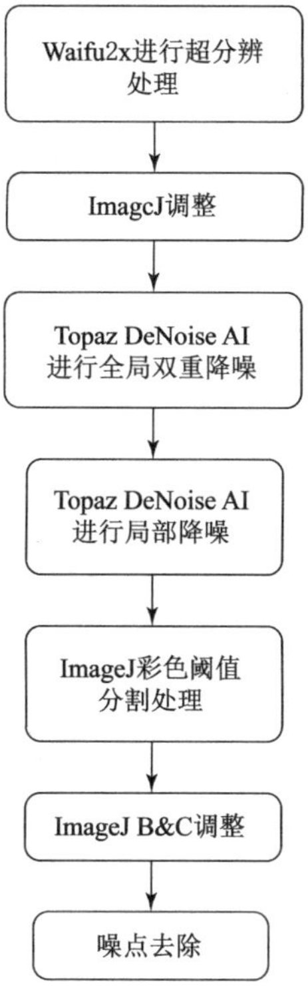

图 2-8　“裂隙煤岩标注七步法”流程图

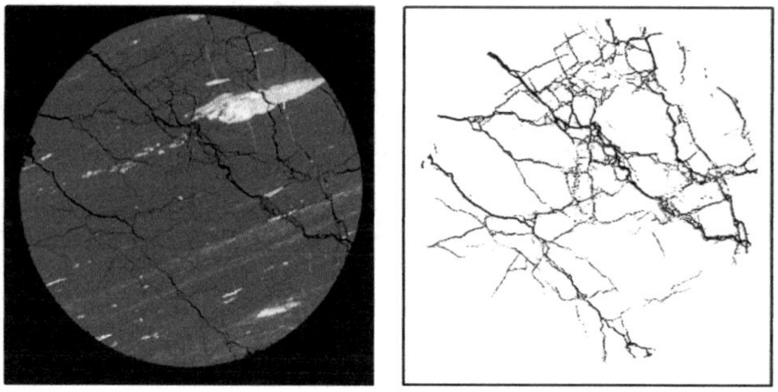

(a)　　(b)

图 2-9　U-net 算法对裂隙提取效果图

通过将处理后的 1 500 张裂隙图片重新构建为三维模型，对比不同提取方法的效果，同时提取出第 1 000 张切片对比二维下的提取效果，如图 2-10 所示。

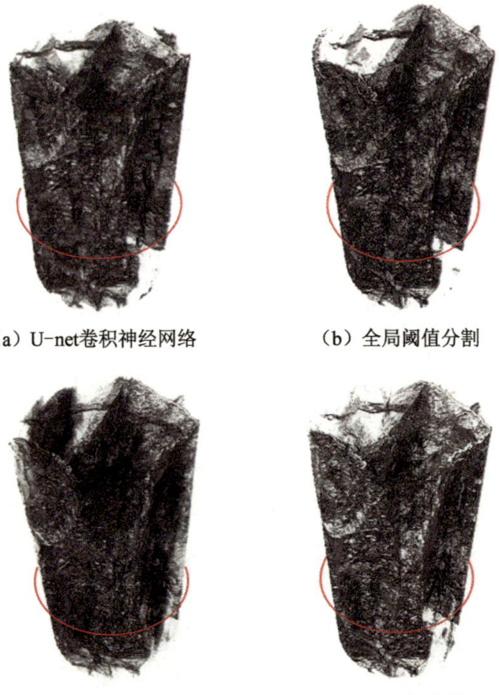

(a) U-net卷积神经网络　(b) 全局阈值分割

(c) 局部阈值分割　(d) WEKA机器学习

图 2-10　提取效果三维对比

为更好比较微裂隙的提取效果，对图 2-11(a)圈出位置进行放大，得到图 2-12 所示的提取效果细节对比。其中，图 2-12(a)为局部 CT 扫描图，图 2-12(b)所示为人为标记结果，图 2-12(c)～(f)为 4 种裂隙提取算法处理结果。

对比 4 种处理结果及人为标记结果可以发现，U-net 卷积神经网络方法可以最大限度地保留煤岩裂隙的细节信息，同时所获得的裂隙开度及分布与真实 CT 图像中更为接近，如图 2-11(c)所示。而其余 3 种方法难以同时保证连通性、微裂隙提取、噪点控制、开度精确性及裂隙准确识别与提取。在经过多个全局阈值分割尝试后可以获得噪点较少的裂隙结构，然而该方法最大的问题在于整个图像采用同一个阈值将图像分割，在保证噪点少的同时难以做到裂隙的连通性，甚至部分微裂隙完全未被识别提取，如图 2-11(d)所示。采用局部阈值分割可以得到连通性有一定改进的结果，如图 2-11(e)所示，然而在处理矿物成分较为复杂的结构时，结果出现了较多噪点，并且同样难以保证微裂隙的准确性，如图 2-12(e)所示。采用 WEKA 机器学习可以得到较好的连通性结构[48]，但是

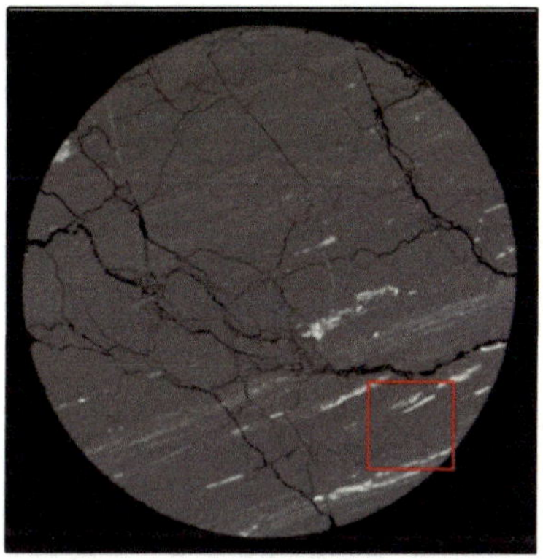

（a）原图

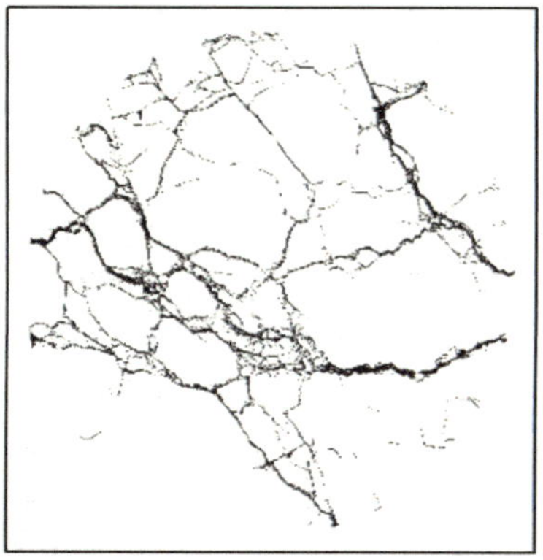

（b）标记图

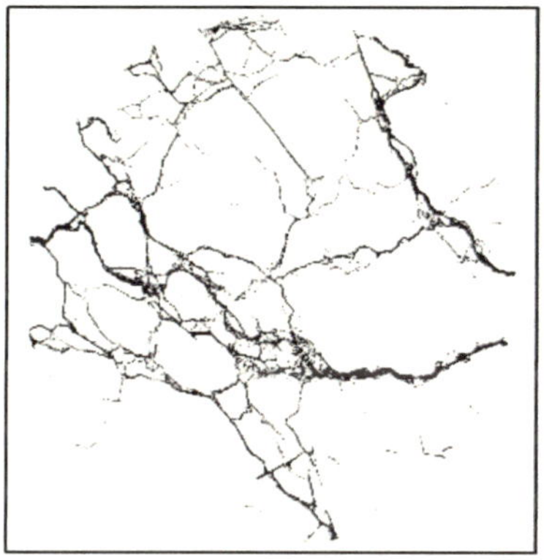

（c）U-net卷积神经网络

（d）全局阈值分割

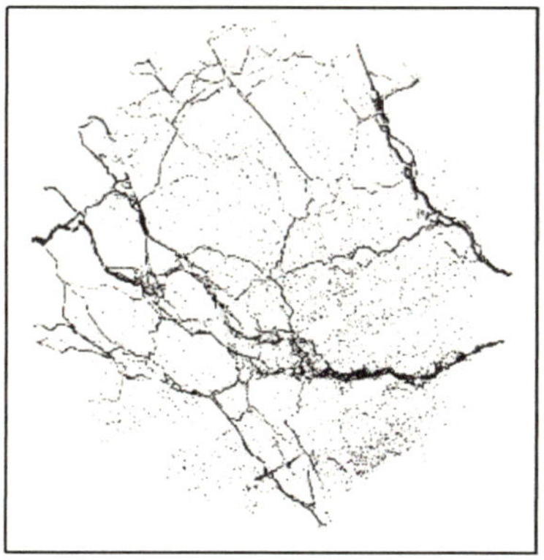

（e）局部阈值分割

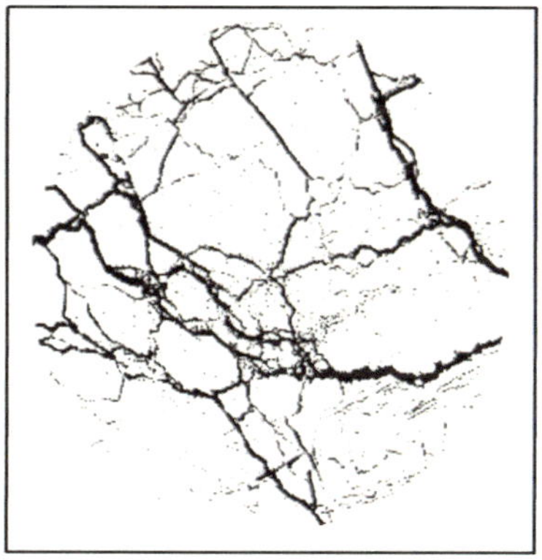

（f）WEKA机器学习

图 2-11　提取效果单张切片对比

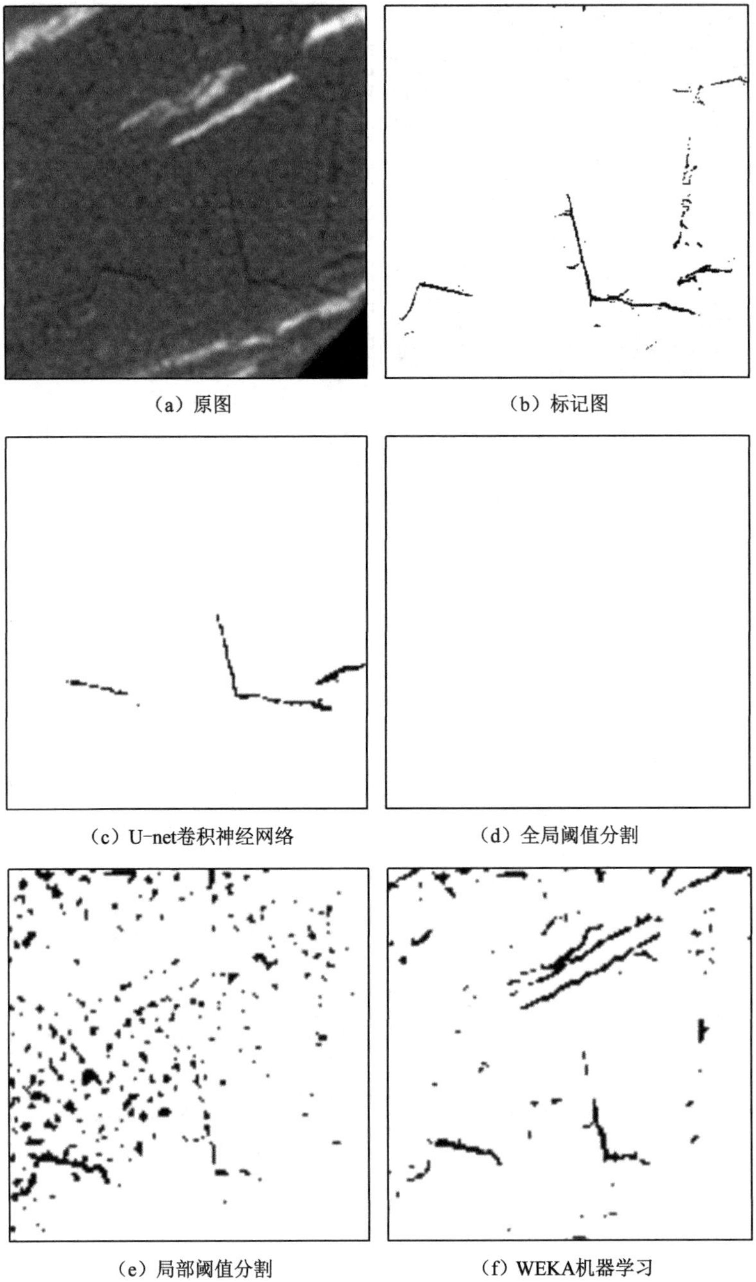

（a）原图　（b）标记图

（c）U-net卷积神经网络　（d）全局阈值分割

（e）局部阈值分割　（f）WEKA机器学习

图 2-12　提取效果细节对比

该方法难以保证裂隙开度的准确性，如图 2-11(f)所示裂隙结构开度高于真实裂隙开度。在微裂隙处理方面，结果也欠佳，同时将部分矿物夹杂和煤岩基质交界面也识别为裂隙。

综上，基于 U-net 卷积神经网络的煤岩裂隙提取可以更准确地识别复杂 CT 图像内的裂隙结构，尤其是微裂隙结构。对比微裂隙分割结果发现，利用 U-net 卷积神经网络方法可以最大限度地保留煤岩裂隙的细节信息，同时所获得的裂隙连通性、开度及分布与真实 CT 图像中更为接近。所提取裂纹的 4 个量化指标均优于其他提取方法，说明该算法对于裂隙煤岩 CT 图像微裂隙的提取有更好的效果，不仅满足了裂缝提取的鲁棒性和准确性要求，还能较为精确地实现微裂隙的提取，并具备向其他检测领域扩展的潜力。

2.2.3　统计参数提取

基于二值图像，可以采用统计学手段或拓扑参数提取等方法实现岩石内部孔隙结构的定量表征。其中一种常用的方法是孔隙网络等提取，通过将岩石内部孔隙结构进行简化，在保证孔隙三维拓扑特征的同时将复杂的孔隙结构简化，以利于孔隙结构的量化表征及其内部流动行为的高效计算。建立孔隙网络模型，是从二值化的三维岩心图像中提取出结构化的孔隙和喉道模型，保持了原三维岩心图像的孔隙分布特征以及连通性特征。

其中较常用孔隙网络提取方法有最大球法、燃烧草法等。最大球法是把一系列不同尺寸的球体填充到三维岩心图像的孔隙空间中，各尺寸填充球之间按照半径从大到小存在着连接关系。整个岩心内部孔隙结构将通过相互交叠及包含的球串来表征，如图 2-13 所示。采用最大球法进行孔隙网络结构的提取与建模，不仅提高了网络提取的速度，也保证了孔隙分布特征与连通特征的准确性。

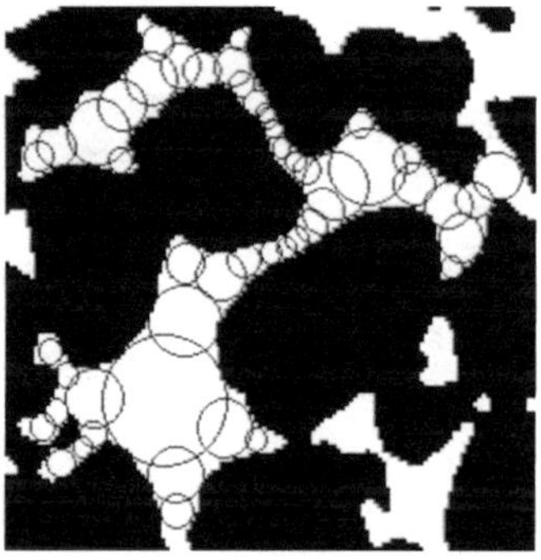

图 2-13　最大球法提取孔隙网络结构[50]

孔隙网络结构中的孔隙和喉道的确立是通过在球串中寻找局部最大球与两个最大球之间的最小球，从而形成“孔隙-喉道-孔隙”的配对关系来完成的，如图 2-14 所示。最终整个球串结构简化成为以孔隙和喉道为单元的孔隙网络结构模型。喉道是连接两个孔隙的单元，每个孔隙所连接的喉道数目称之为配位数。

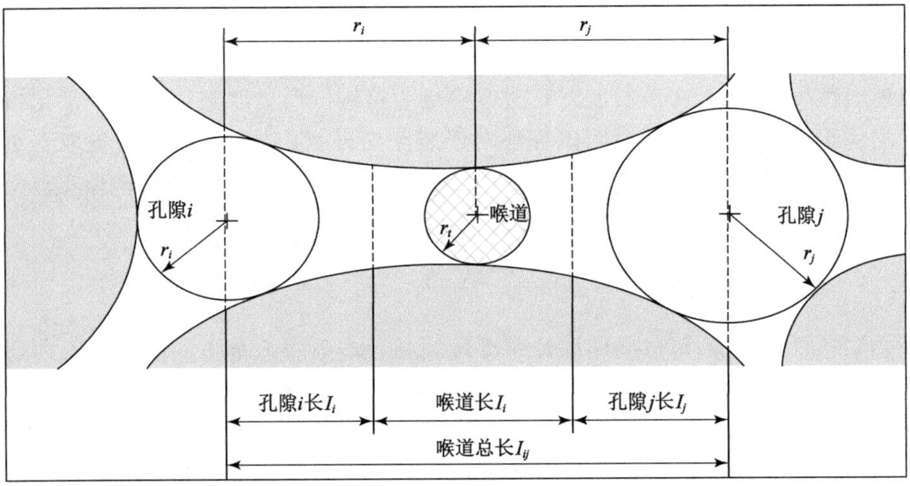

图 2-14 孔隙与喉道划分图[50]

采用最大球法提取孔隙网络结构时，通过将形状不规则的真实孔隙和喉道以规则的球形进行填充，从而将其简化为孔隙网络模型中形状规则的单元[49]。在这一过程中，利用形状因子 G 来存储不规则孔隙和喉道的形状特征。形状因子的定义为 $G=A/P^2$，其中 A 为孔隙的横截面积，P 为孔隙横截面周长，如图 2-15 所示。

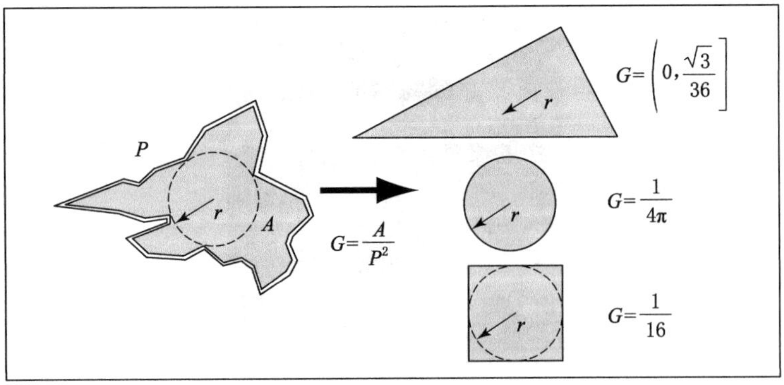

图 2-15 形状系数 G[49]

在孔隙网络模型中，利用等截面的柱状体来代替岩心中的真实孔隙和喉道，截面的形状为三角形、圆形或正方形等规则几何体。在用规则几何体来代表岩心中的真实孔隙和喉道时，要求规则几何体的形状因子与孔隙和喉道的形状因子相等。尽管规则几何体直观上与真实孔隙空间存在显著差异，但它们具备了孔隙空间的几何特征，如图 2-16 所示。此外，三角形和正方形截面都具有边角结构，可以有效地模拟二相流中残余水或者残余油，与两相流在真实岩心中的渗流情景非常贴近。

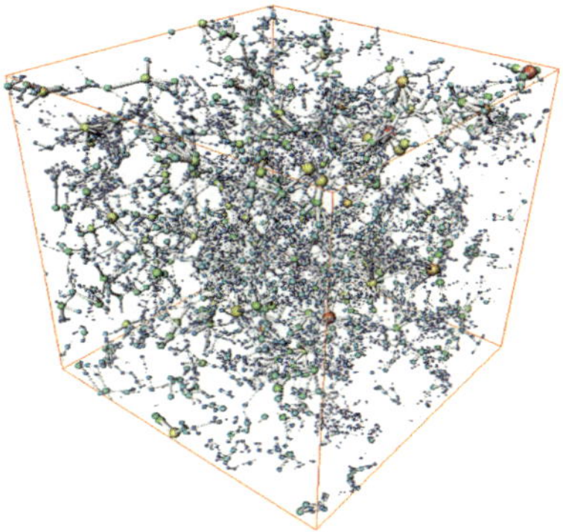

图 2-16　孔隙网络模型示意图

根据提取的孔隙网络，统计孔隙网络尺寸分布，分析网络连通特性。通过对孔隙网络模型进行各项统计分析，了解真实岩心中的孔隙结构与连通性。孔隙网络模型统计分析具体包括：

① 尺寸分布：包括孔隙和喉道半径分布、体积分布，喉道长度分布，孔喉半径比分布，形状因子分布等。

② 连通特性：包括孔隙配位数分布、欧拉连通性方程曲线。

③ 相关特性：对孔隙和喉道的尺寸、体积、长度等任意两个物理量之间进行相关性分析。

2.3　岩石内部非连续结构重构

借助先进的试验观测及图像处理手段可以获得不同岩石内部孔隙、裂隙等结构信息，为构建数字化岩石三维模型提供最准确的信息。然而正如大自然中没有完全相同的两片树叶一样，岩石内部的非连续结构也十分复杂，各不相同。采用 CT 扫描、FIB-SEM 等试验手段获取岩石内部结构信息不仅昂贵而且耗时耗力，尤其是当前随着人类地质研究进入深部地下，岩石样品的获取更加困难，需要耗费大量的人力物力。因而大量学者尝试采用计算机算法重构岩石内部三维非连续结构。岩石孔隙结构重构模型作为通过试验方法获得岩石孔隙结构样本的补充,近年来得到了长足的发展。岩石内部非连续结构重构不仅可以快速高效构建岩石三维结构,还能通过人为调控重构过程及信息,实现多种类型岩石三维结构的重构,从而深入量化分析岩石内部三维非连续结构对其性质的具体影响。这些重构模型有助于人们更全面认识孔隙结构对岩石物理力学性质的影响。

岩石三维结构重构方法主要包括随机重构、模拟沉积过程重构[50]、蒙特卡洛统计重构、四参数结构生成重构[51]、深度学习重构方法、模拟退火算法[52-53]等。这些重构模型的建立,可以帮助人们更便利地获得岩石内部的三维孔隙结构特征,提供从微观孔隙结构模型出发研究岩石宏观物理力学性质的有效渠道。

随机重构技术,利用高斯分布或随机信息,在特定参数(如孔隙度)的调控下,直接生成岩石的三维孔隙结构,具有极高的重构效率。模拟沉积过程重构主要用于沉积岩内部三维孔隙结构的重构,该方法模拟沉积岩生成过程,主要包括颗粒大小选择、随机放置、压实等过程。该方法也十分高效,相比于随机重构能更准确反映沉积岩的孔隙结构特征。蒙特卡洛统计重构是通过模拟孔隙位置、数量和孔径的随机分布而构建岩石三维孔隙结构的统计学模型,该模型具有与真实岩石孔隙结构一致的孔隙统计特征和较好的几何相似性,可以直观反映孔隙特征对应力分布等表观性质的影响。四参数结构生成重构通过控制随机种子生成、生长方向控制来实现特定孔隙率岩石孔隙结构模型的重构。通过调控种子数目及生长方法的概率,该方法能够生成非均质、各向异性的岩石孔隙结构模型。近年来,基于深度学习的图像识别及生成方法的快速发展为快速生成岩石三维结构提供了有效手段,该方法可以对不同类型岩石加以重构。模拟退火算法是一种全局优化算法,基于岩石孔隙结构的统计信息或控制函数,不断优化重构模型中的黑白点位置,最终实现对孔隙结构模型的准确重构。

2.4 低渗页岩随机重构模型

页岩内部孔隙尺度集中在纳米级别,且孔隙结构形态表现出了极大不同。页岩内部颗粒堆积形成了不规则的粒间孔,不同矿物颗粒之间形成了微裂纹。这些微裂纹可能是不同矿物颗粒性质差异在地层应力条件下导致的,也可能是生烃作用导致地层压力上升气体溢出而形成的,在页岩内部有机物质(干酪根)内观测到了类似于蜂窝状的孔隙。这几类典型孔隙结构形态表现出极大不同,粒间孔形态几何不规则,微裂纹为片状结构,而有机质孔为蜂窝状。同时,观测区域内粒间孔与微裂纹的孔隙率约为 10%，而有机质孔孔隙率约为 40%。

针对上述三类结构特征及孔隙率，通过随机重构算法分别生成了多组不同孔隙率的粒间孔模型、微裂纹模型及有机质孔模型。模型中仅包含代表岩石基质的白色像素点和代表孔隙的黑色像素点。模型的孔隙率(φ)定义为黑色像素点数量在整个模型中所占的比例。模型的有效孔隙率(φ_e)定义为在气体流动方向(x 方向)连通的孔隙点所占的比例。

2.4.1　粒间孔模型重构

粒间孔的形成是成岩过程中颗粒与颗粒间的孔隙不完全压实所导致的。采用球堆积的方法来模拟颗粒堆积过程，并通过控制球与球之间的重叠程度来模拟颗粒间空间被部分压实的情况。模型生成过程中，白色的球颗粒不断随机放入初始完全为黑色孔隙点的模型中，模型的孔隙率逐渐减小。此过程中实时监视模型的孔隙率，直至模型孔隙率达到设定值。重构过程中，采用的球半径为 4 个像素点，共生成了 5 组模型，每组 10 个结构，模型孔隙分别为 8%、10%、12%、14%和 16%。同时，在模型生成后统计了 $x=1$ 截面至 $x=64$ 截面即左侧面至右侧面连通的孔隙点，由此计算了模型的有效孔隙率。统计结果见表 2-1。从表 2-1 中可以看出，随着模型总孔隙率的增大，其等效孔隙率与总孔隙率越来越接近。在流动模拟中，剔除了对流动不起作用的孤立孔隙。

表 2-1　粒间孔重构模型的孔隙率与有效孔隙率

编号	1	2	3	4	5
孔隙率/%	8	10	12	14	16
平均等效孔隙率/%	4.28	7.69	11.34	13.67	15.72

图 2-17 展示了其中一个孔隙率为 10%的三维结构及 $x=32$ 截面。

2.4.2　微裂纹模型重构

通过随机放入贯穿于整个模型的具有一定开度的平面裂纹来生成模型。随机的微裂纹不断被放入初始完全为岩石颗粒的模型中，模型的孔隙率不断增加，在模型生成过程中实时监视模型的孔隙率，直至达到设定的孔隙率。与粒间孔模型类似，共生成了 5 组模型，每组 10 个微裂纹结构，孔隙率分别为 8%、10%、12%、14%和 16%。模型生成过程中的裂纹中间平面定义如下：通过“点法式”来定义，即定义该平面穿过点(x_0,y_0,z_0)且法向量为(a,b,c)。其中 x_0、y_0、z_0 的取值范围为 1～64 间的任意整数，a、b、c 的取值范围为 −64～64 间的任意整

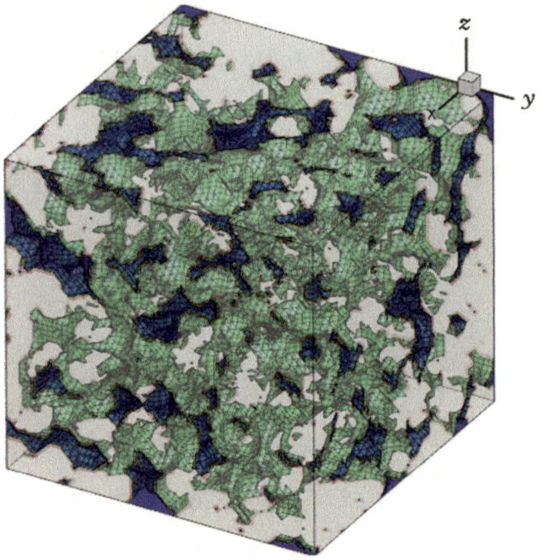

(a) 三维模型

(b) x=32中间切片

图 2-17　粒间孔重构模型

数。模型中的任意一像素点(x,y,z)满足下式条件则被定义为微裂纹点：

$$\frac{\text{abs}[a\times(x-x_0)+b\times(y-y_0)+c\times(z-z_0)]}{\sqrt{a^2+b^2+c^2}}\leqslant 1 \tag{2-1}$$

在此定义条件下，微裂纹的开度为 3 个像素点。模型生成过程中微裂纹定义为贯穿模型，因而所生成的模型中有效孔隙率和模型的总孔隙率相等。图 2-18 展示了其中一个孔隙率为 10％的三维结构及 $x=32$ 截面。

2.4.3　有机质孔模型重构

有机质孔模型的生成与粒间孔模型的生成类似，不同的是模型生成过程中黑色的球状孔不断随机放入初始完全为白色岩石点的模型中，模型的孔隙率逐渐增大。此过程中实时监视模型的孔隙率，直至模型孔隙率达到设定值。在重构过程中，采用的球半径为 4 个像素点，共生成了 5 组(每组 10 个)结构，模型孔隙分别为 30％、35％、40％、45％和 50％。同时在模型生成后统计了 $x=1$ 截面至 $x=64$ 截面即左侧面至右侧面连通的孔隙点，由此计算了模型的有效孔隙率。统计结果见表 2-2。同样，从表 2-2 中可以看出，随着模型总孔隙率的增大，其等效孔隙率与总孔隙率越来越接近。在后续流动模拟中，剔除了对流动不起作用的孤立孔隙。

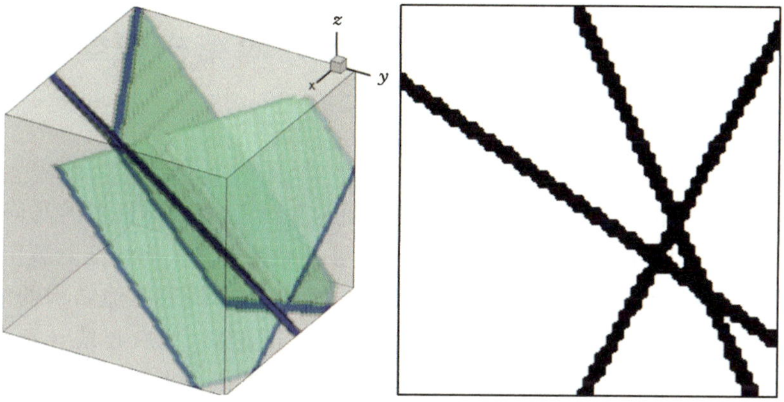

（a）三维模型　　　　（b）x=32中间切片

图 2-18　微裂纹重构模型

表 2-2　有机质孔重构模型的孔隙率与有效孔隙率

编号	1	2	3	4	5
孔隙率/%	30	35	40	45	50
平均等效孔隙率/%	25.20	32.72	39.35	44.59	49.79

图 2-19 展示了其中一个孔隙率为 40%的三维结构及 $x=32$ 截面。

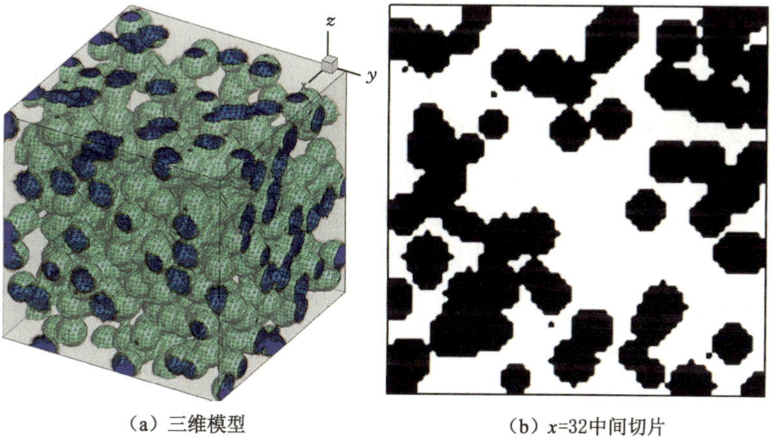

（a）三维模型　　　　（b）x=32中间切片

图 2-19　有机质孔重构模型

2.5 基于模拟退火算法的岩石孔隙结构模型重构

2.5.1 重构算法

用图像代表的二值化岩石孔隙模型实质为包含孔隙结构分布的几何模型。岩石孔隙结构的重构,实质上是构建一个能够准确反映其几何特征的数字模型。在基于统计信息的重构过程中,首先需要从试验模型中提取孔隙结构的统计分布特征。之后基于这些数字化的统计信息,通过重构算法来获得统计意义一致但孔隙分布不同的重构模型,其中一种实现方法为模拟退火算法。模拟退火算法[52,54-57]一般首先生成与参考模型具有相同孔隙率(黑白体素点个数)的随机模型,之后在统计信息的控制下,不断调换黑白点的位置来实现孔隙结构的模型重构。由于需要频繁调换黑白点位置,且每次更新模型的统计信息,因此这种方法速度相对较慢。但模拟退火算法由于可以加入更多的统计信息,可以更好地反映孔隙结构的孔隙特征,所以是目前最为有效的基于统计信息的重构方法。在模拟退火算法重构过程中,统计信息被转化为数学控制函数,这些控制函数的合理设计是算法成功的根本。这些控制函数由最初较低阶的两点概率函数、线性路径函数,发展到现在的多点控制函数、块聚集函数、分形控制函数等较高阶的函数。随着对孔隙结构更全面描述的高阶统计函数的出现,重构效果进一步改善。也有学者尝试了将成岩过程重构和模拟退火算法相结合,初期依据成岩过程构建初步模型,随后利用模拟退火算法不断优化,使模型特征更接近参考模型。

为了改进模拟退火算法的执行效率,增加了分形控制函数,借鉴了成岩过程算法的一些思想,形成了一套完善的重构算法,使得算法具有更好的普适性,可以对较差连通性和高连通性的孔隙结构进行重构。我们对上述两种性质差异很大的砂岩孔隙模型进行了重构。为了展示方便,采用二维切片图进行说明。

重构过程可简单描述为:在控制函数的控制下,不断调换重构模型中代表孔隙相的黑点与代表岩石基质相的白点的位置,使得重构模型逐渐在统计意义上逼近原始参考模型(试验处理所得)。

详细步骤如下:

首先,将 CT 灰度图像转化为由黑色代表孔隙、白色代表岩石基质的二值图像,并作为参考模型。

其次,形成一幅与参考模型具有相同孔隙率但孔隙相和基质相随机杂乱分布的初始重构模型,如图 2-20 所示。

然后,分别提取重构模型和参考模型的几何统计信息,并将此信息转换为以

图 2-20　重构初始模型

数学语言表达的控制函数。这些控制函数包括两点概率函数(S)、线性路径函数(L)以及分形统计函数(F)。式(2-2)～式(2-4)分别给出了 S_x、L_x和F_{xy}的计算：

$$S_x^j(r)=[I^j(x,y,z)\quad I^j(x+r,y,z)] \tag{2-2}$$

$$L_x^j(r)=[I^j(x,y,z)\quad I^j(x+1,y,z)\quad I^j(x+2,y,z)\quad \cdots\quad I^j(x+r,y,z)] \tag{2-3}$$

$$F_{xy}^j(r)=\begin{bmatrix} I^j(x,y,z) & I^j(x+1,y,z) & \cdots & I^j(x+r,y,z) \\ I^j(x,y+1,z) & I^j(x+1,y,z) & \cdots & I^j(x+r,y+1,z) \\ \vdots & \vdots & \ddots & \vdots \\ I^j(x,y+r,z) & I^j(x+1,y+r,z) & \cdots & I^j(x+r,y+r,z) \end{bmatrix} \tag{2-4}$$

式中，r 为统计函数的步长，S 函数选用 0 到模型最大边长的一半，L 函数选用 0 到模型中统计相的最大边长，F 函数选用 0 到模型最大边长的十分之一；j 代表统计相，S 函数和 F 函数只统计孔隙相，L 函数统计孔隙相和岩石基质相；$I^j(\overrightarrow{r_i})$代表特征函数，可用以下公式表述：

$$I^j(\overrightarrow{r_i})=\begin{cases}1 & \text{当}\overrightarrow{r_i}\text{处于}j\text{相} \\ 0 & \text{其他}\end{cases} \tag{2-5}$$

为了计算方便，S 和 L 限于 x、y、z 三个相互垂直方向的统计，F 限于 xy、yz、zx 三个面上的统计。在分别获得了参考模型和初始重构模型的这些控制函数值后，可以通过如下公式计算二者之间的差距：

$$E=\alpha\left(\sum_{r=0}^{nP}[S_r(r)-S(r)]^2\right)+\beta\left(\sum_{r=0}^{nL}[L_r(r)-L(r)]^2\right)+\gamma\left(\sum_{r=0}^{nF}[F_r(r)-F(r)]^2\right) \tag{2-6}$$

式中 E——初始重构模型的“能量值”,代表初始重构模型和参考模型的差距。

α、β、γ——三个控制函数的权重,在重构程序的设定中,这三个权重值的选取应保证三个控制函数的数值在同一数量级。

之后通过调换一个代表孔隙相的像素点与代表基质相的像素点的位置,并更新新模型的控制函数值,从而计算得到更新后重构模型与参考模型的能量差:

$$E' = \alpha\Big(\sum_{r=0}^{nP}[S'_r(r) - S(r)]^2\Big) + \beta\Big(\sum_{r=0}^{nL}[L'_r(r) - L(r)]^2\Big) + \gamma\Big(\sum_{r=0}^{nF}[F'_r(r) - F(r)]^2\Big) \tag{2-7}$$

式中 $S'_r(r)$、$L'_r(r)$、$F'_r(r)$——更新后重构模型的三个控制函数;

E'——更新后重构模型的“能量值”,代表更新后重构模型和参考模型的差距。

至此,两个重构模型与参考模型之间的差距已被转化为数学表达式。它们之间的差值反映了哪个模型与参考模型更接近。

$$\Delta E = E' - E \tag{2-8}$$

程序中通过计算 ΔE 来决定是否进行这次调换。若更新后模型的控制函数值更接近参考模型,即 $\Delta E<0$,则进行这次调换;而当调换后控制函数的值远离参考模型,并不是直接舍弃这次调换,而是以一定概率来接受这次调换,这样做的目的是防止重构模型进入局部最优而无法到达全局最优。这种接受方式是模拟退火算法的核心,称为 Metropolis 接受准则:

$$P(\Delta E) = \begin{cases} 1 & \Delta E \leqslant 0 \\ \exp(-\Delta E/T_t) & \Delta E > 0 \end{cases} \tag{2-9}$$

式中 T_t——温度值,用来控制程序对调换点接受的概率。

在每一温度下,程序执行与模型中体素点个数相同次数的调换。在程序执行开始时,应保证初始温度条件下,调换成功概率超过 75%,此后 T_t 的值下降为前一温度的 90%。对于常规模拟退火算法应用于模型重构的更详尽描述可以参见文献[54-55,58]。

在进行了一组黑白点的位置调换并确定是否接受这次调换之后,程序会重复这样的调换,直至重构模型与参考模型之间的能量差小到一定程度。尺寸为 100^3 的模型内共有 100 万个点,而模拟退火算法中每次进行一对点的位置更新,所以需要经过大量的点位置调换才能达到较理想的效果。

程序因需频繁进行大量点的位置调换,因此计算耗时较长。为了提高程序执行的效率,进行了如下改进:

① 借助成岩过程算法进行了初始模型的构建。在程序设计时,采用了两种

方式来实现这一过程。第一种方式为多点调换。在形成与参考模型孔隙率相同的初始重构模型后，采用一次大量调换部分区块内的点的方式来形成初始的“颗粒沉积块”，如图 2-21(a)所示。程序执行中，通过计算这些块的形成是否降低了模型的能量值来决定是否进行调换，执行多次后，能达到较理想的效果。第二种方式为直接在图中随机放入不同大小的球来形成初始模型。球大小的选择依据参考模型中岩石基质块的大小确定，如图 2-21(b)所示。通过形成块或放入球的方式优化了岩石的初始模型，节省了程序初期执行的时间，通过此种方式可以得到更好的孔隙结构连通性。

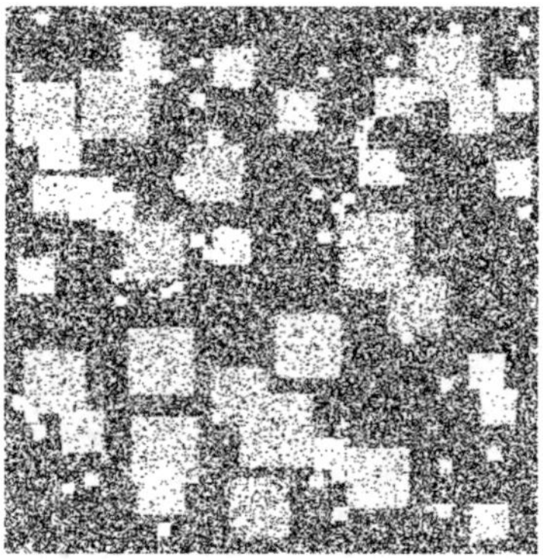

(a) 通过多点调换实现

(b) 通过放入球实现

图 2-21　优化初始模型

② 在程序执行的后期，即在模型内部孔隙结构大体形成后，发生改变的只是图像中一些杂乱分布的点。这时，成功率变得极低，也就是说大部分的计算时间被用在了无效调换上。故采用预判断方法提高程序执行后期的计算效率。具体实现为，在模型大体结构形成后(程序达到连续失败调换 500 次)，统计模型中杂点的位置，并限制从这些点中挑选调换位置的点。循环执行多次杂点位置的调换得到最终结果。这使得程序在执行后期节约了无效调换的计算时间，使得程序更快收敛。图 2-22 给出了预判断执行前后模型的对比结果。

③ 进行了一些程序内部的优化。例如在计算两点概率函数更新时，之前的程序需要重新计算调换点所在 x、y、z 三条直线上的两点概率函数。在当前程序中只需要计算与调换点间隔统计步长上点的信息。对线性路径函数及分形控制函数进行了类似的优化。

图 2-23 所示为从二维切片图上展示的整个重构过程。

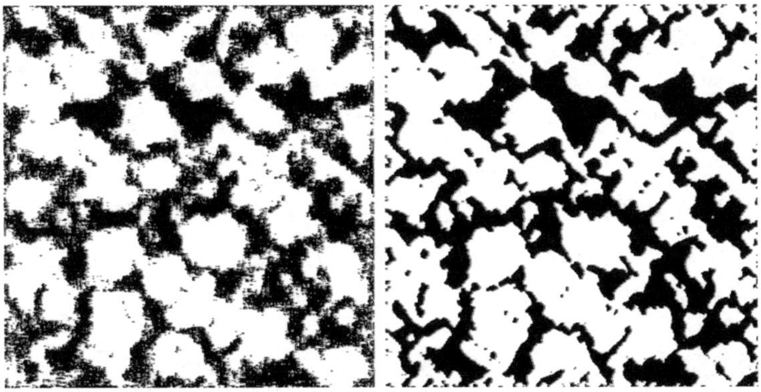

（a）增加预判断前　　（b）预判断计算后

图 2-22　增加预判断前后模型结果对比

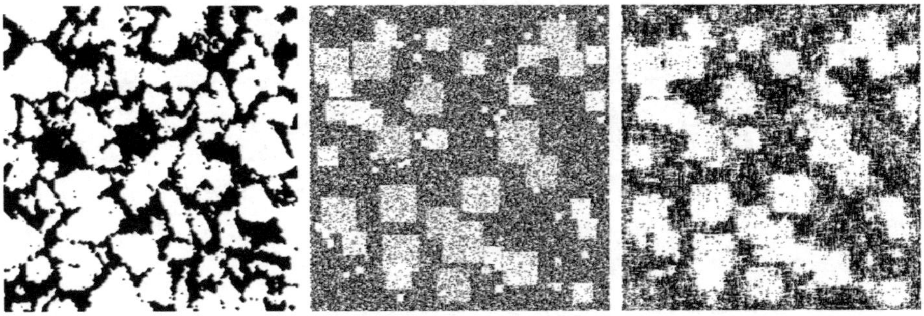

（a）参考模型　　（b）初始构造模型　　（c）连续调换失败50次模型

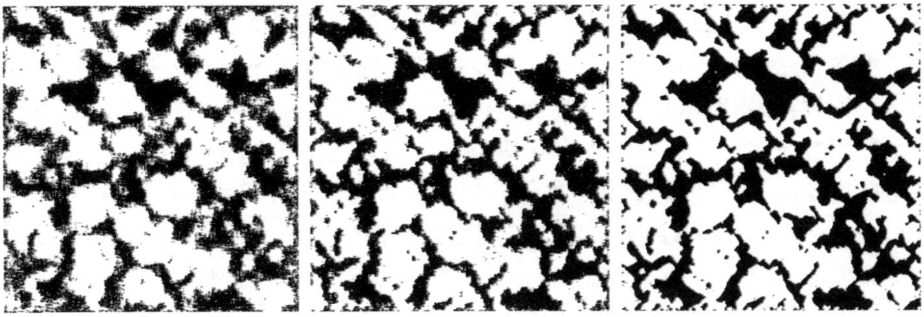

（d）连续调换失败200次模型　　（e）连续调换失败500次模型　　（f）预判断处理后模型

图 2-23　整个重构过程二维展示

2.5.2　重构结果

通过重构算法分别对天然砂岩和人工砂岩孔隙结构模型进行重构。在获得了这些重构数据后，采用 MIMICS 软件分别对参考模型和重构模型进行了三维模型的建立，并分别在 xy、yz、zx 三个面上将模型剖开，对比了其内部结构。图 2-24 给出了天然砂岩的 CT 扫描结果和重构结果的对比。图 2-25 给出了人工砂岩的 CT 扫描结果和重构结果的对比。

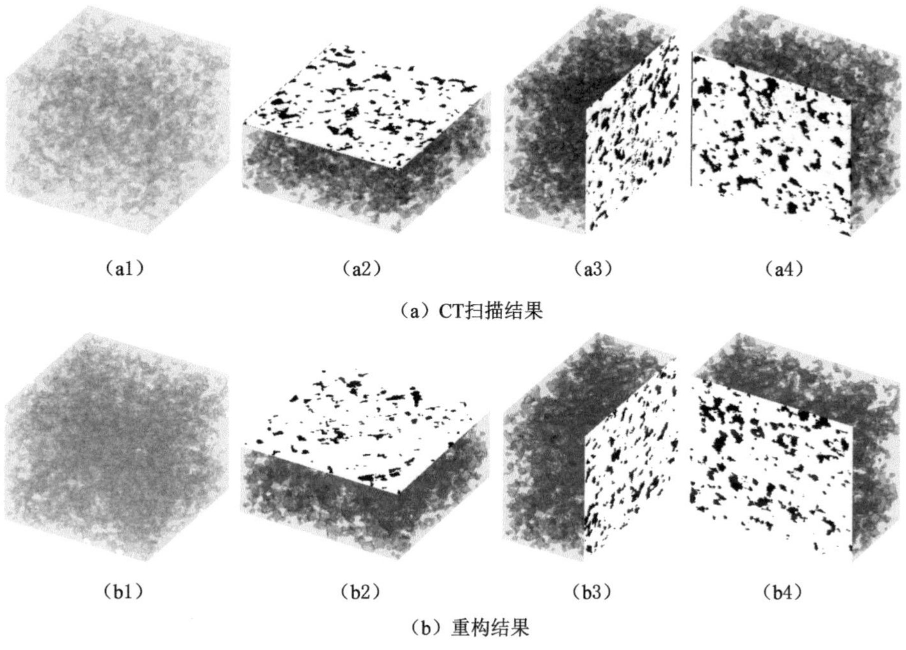

图 2-24　天然砂岩 CT 扫描结果和重构结果的几何形貌对比

2.5.3　结果对比

为了验证重构结果的有效性，除了对比参考模型和重构模型在统计意义即控制函数值上的相似性外，还需要对比二者在分形性质、拓扑性质和力学性能上的异同。这些几何及力学性质的对比，为开展基于岩石孔隙模型开展渗流及力学性能的研究提供了保障。

图 2-26 和图 2-27 分别给出了两组试验模型和重构模型的控制函数值对比。

图 2-28 和图 2-29 分别给出了两组砂岩不同切片位置处的小岛分维数[59]。

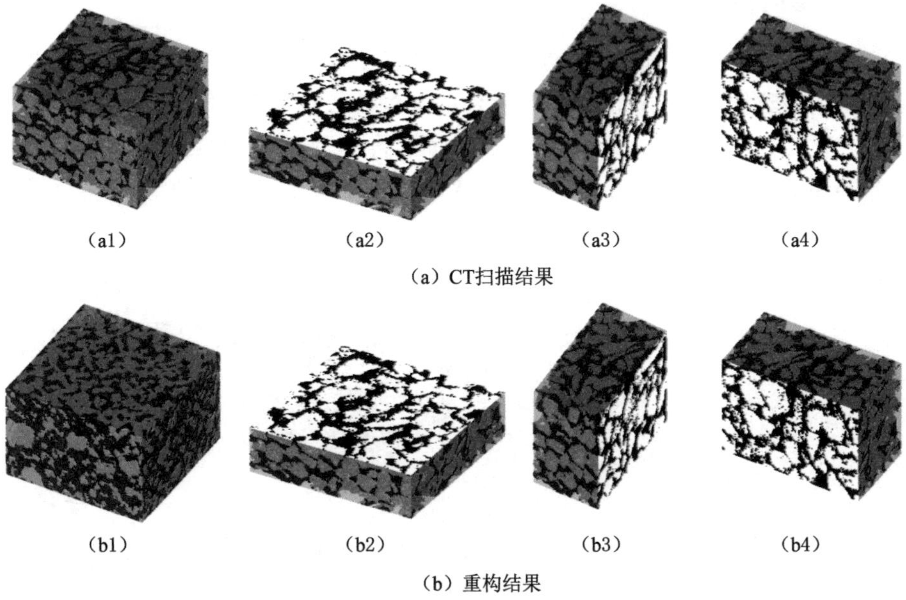

图 2-25　人工砂岩 CT 扫描结果和重构结果的几何形貌对比

注意这里是指统计意义上的小岛分形维数，与传统意义上的小岛分形维数不甚相同。统计这些切片图像中互补相连的孔隙面积（该孔隙像素点个数）和周长（边界处像素点个数），并将它们放入双对数坐标中，采用如下公式进行拟合：

$$\log P = C + \frac{D}{2}\log A \tag{2-10}$$

式中，D 为该切片的小岛分形维数，已标在每个拟合图中。人工砂岩的小岛分形维数要高于天然砂岩，这反映了人工砂岩的孔隙结构更加复杂。

表 2-3 和表 2-4 给出了两组砂岩孔隙结构的拓扑参数。拓扑参数能在一定程度上反映孔隙空间的几何特征，因此，对重构模型和参考模型进行拓扑性质的对比，对下一步开展岩石渗流性质的研究具有重要的意义。首先，选取了几个最基本的拓扑性质参数对重构模型和参考模型进行对比，其中包括孔隙数量、喉道数量、平均配位数。随后，为了获得这些参数，对模型孔隙结构的骨架进行提取，并且记录了该骨架上每个体素点的最大内切球半径。确定几条骨架相交的点为孔隙点，骨架上具有局部最小内切球半径的点为喉道点，孔隙平均相连的喉道个数为平均配位数。

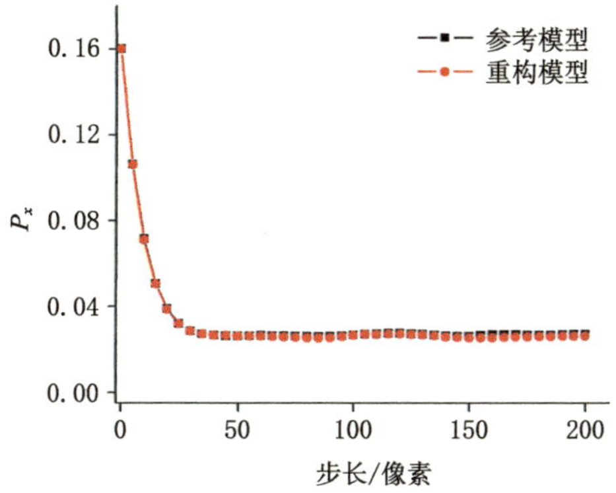

（a）两点概率函数

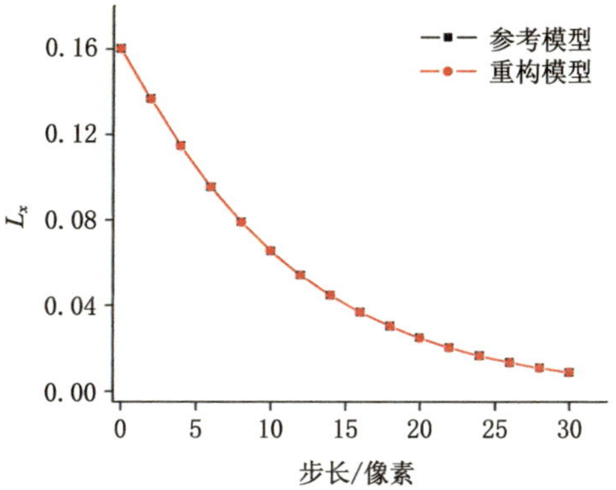

（b）线性路径函数

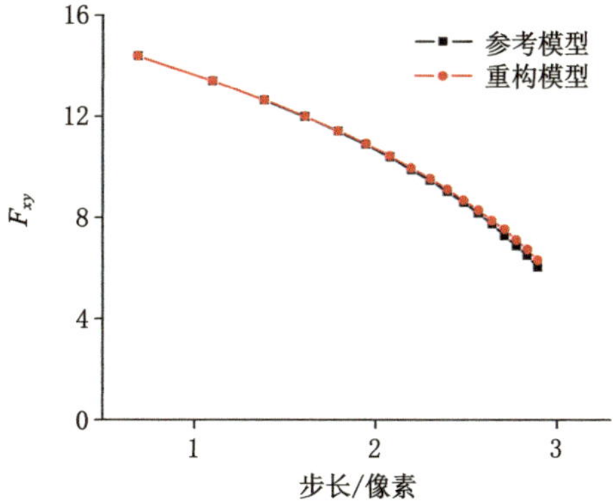

（c）分形控制函数

图 2-26　天然砂岩控制函数值对比

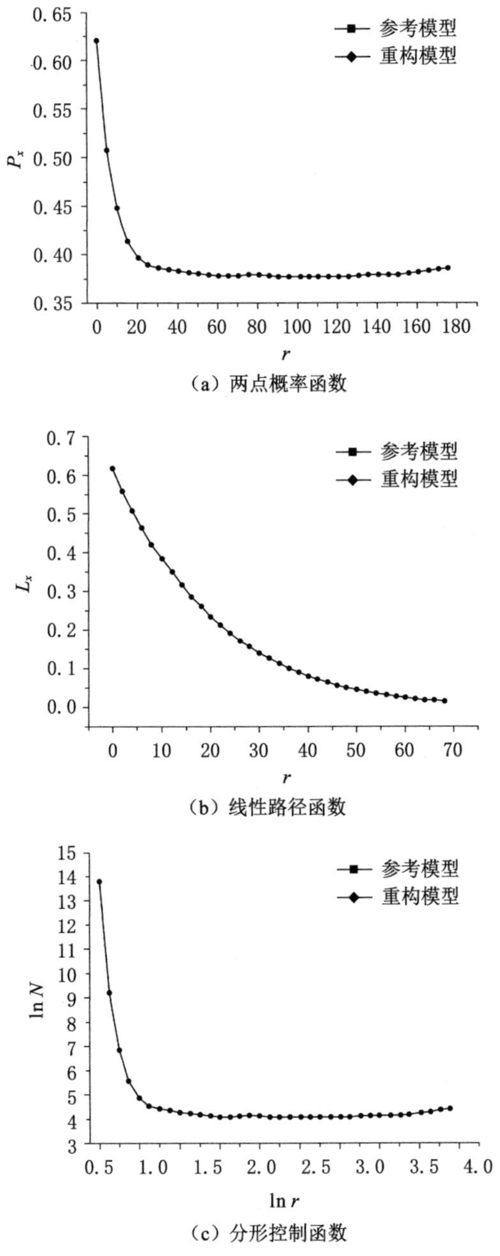

(a) 两点概率函数

(b) 线性路径函数

(c) 分形控制函数

图 2-27　人造砂岩控制函数值对比

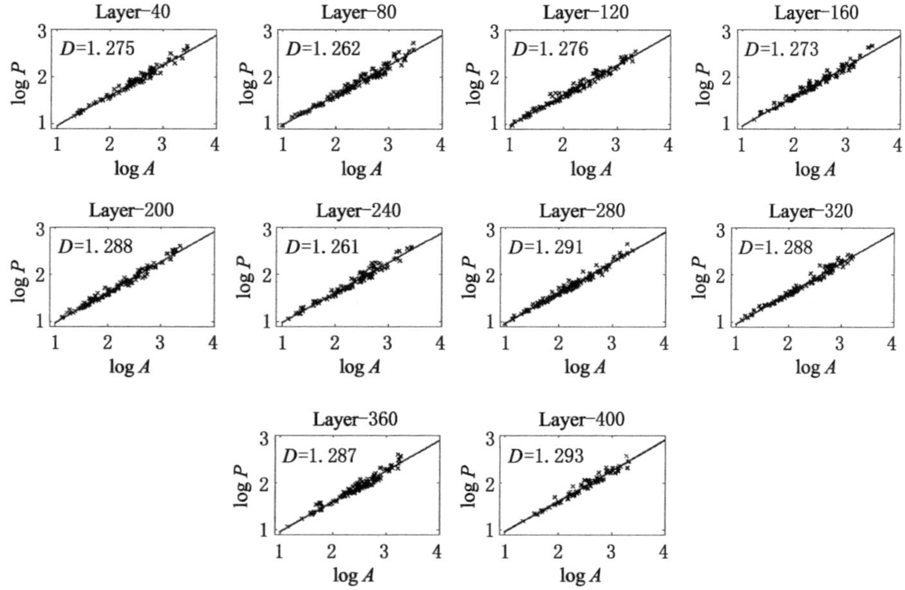

(a) 参考模型

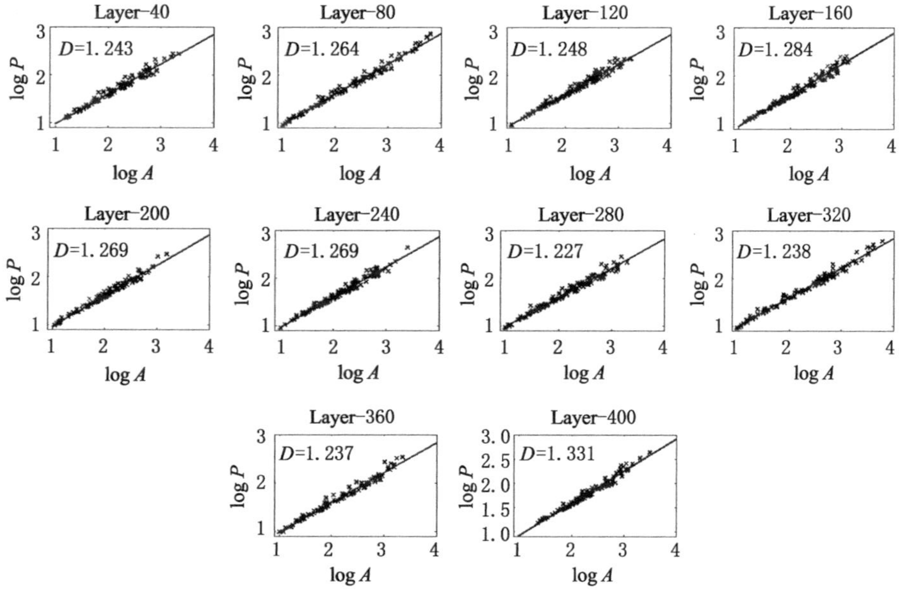

(b) 重构模型

图 2-28　天然砂岩不同切片的小岛分形维数值

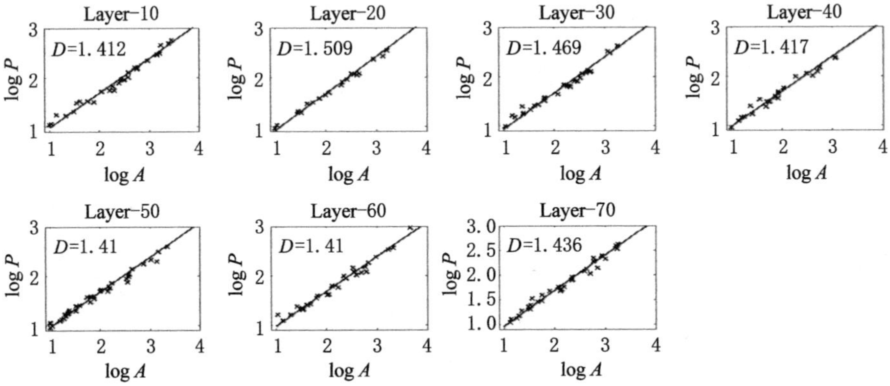

（a）试验参考模型

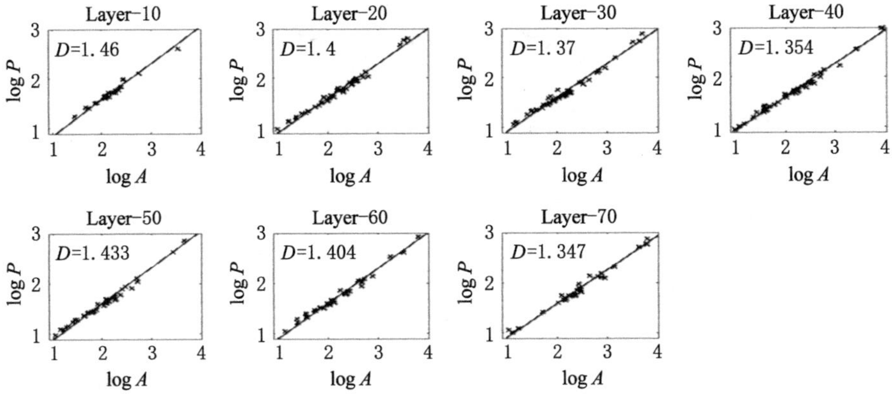

（b）重构模型

图 2-29　人工砂岩不同切片的小岛分形维数值

表 2-3　天然砂岩参考模型和重构模型的拓扑参数

模型	孔隙数	喉道数	平均配位数
参考模型	7 433	13 625	4.14
重构模型	8 219	14 538	4.07

表 2-4　人工砂岩参考模型和重构模型的拓扑参数

模型	孔隙数	喉道数	平均配位数
参考模型	3 394	5 675	4.08
重构模型	3 161	5 240	4.07

程序基于 MATLAB 进行开发，程序编写参考了 Philip Kollmannsberger（菲利普·科尔曼斯伯格）给出的方法（http://www.mathworks.com/matlabcentral/fileexchange/43400-skeleton3d）。通过对比，发现重构模型和参考模型有较高的拓扑参数一致性。

同时，采用有限元方法（FEM）对比了两组砂岩重构模型和参考模型的力学响应。有限元计算软件基于实验室开发的 SciFEM 软件，采用其中的弹塑性模块计算了单轴压缩条件下模型的应力应变响应。

首先，采用 MIMICS 软件将用图片表示的几何模型进行了网格划分。从之前的模型展示中可以看到孔隙结构极其复杂，需要极其精细的网格划分来表征这些孔隙。为了将网格数量控制在合理的范围内（100 万以内），对图中一些非常细小的结构进行了过滤处理，处理采用中值滤波（medfilt3）和图像开运算（bwareaopen），这些处理可以在 MATLAB 中或者 MIMICS 中进行。

其次，采用 MIMICS 进行网格划分。先将这些图片建立为三维实体，并且保留孔隙及岩石基质的交界面信息。使用的算法为 MIMICS 自带的“Create Mask”和“Calculate 3D Models”。随后采用软件中的 3-matic 模块，对实体模型进行了三角形表面网格的划分，这些网格覆盖了方形模型的 6 个表面以及孔隙与岩石的交界面。为了保证表面网格的质量以及后续体网格的顺利划分，表面网格需满足以下两个条件：① 每个网格的最大边长应小于 10 个体素点的长度。② 三角形的最小高底比应大于 0.4。换句话说，表面网格越接近于等边三角形，则其质量越高。在得到表面网格后，通过程序自带算法将这些表面网格向模型内部延伸，建立四面体网格。

值得注意的是，网格划分过程中同时对孔隙结构和岩石基质进行了细致的划分，并通过赋予不同网格独特的材料属性，实现了孔隙与岩石基质的明确区分。单元的材料属性见表 2-5。

表 2-5　FEM 单元材料属性赋值

单元	弹性模量/GPa	泊松比	内摩擦角/(°)	黏聚力/MPa	塑性切刚度/GPa	残余强度/MPa
孔隙结构	4	0.2	15	2	−0.4	0.005
岩石基质	40	0.3	20	20	−4	0.5

有限元计算中模型下表面固定，上表面缓慢施加位移荷载。计算中，程序采用 Drucker-Prager 准则来判断单元是否达到屈服，单元达到屈服后其应力值随应变值的增加而下降，此时的应力-应变斜率为塑性切刚度。单元应力下降直至残余强度后不再下降。

图 2-30 和图 2-31 分别给出了两组砂岩数值模拟的结果。

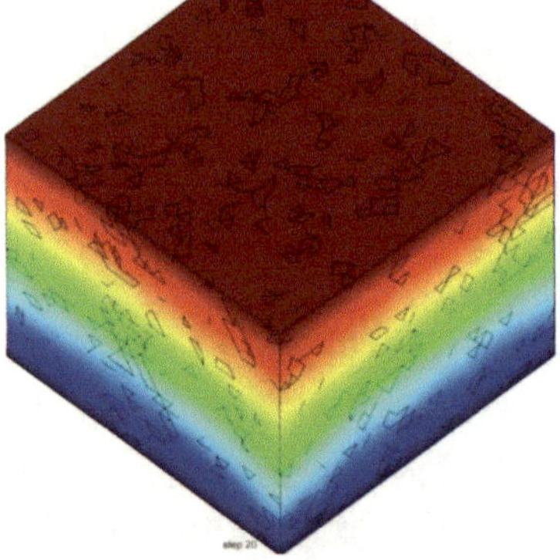

（a1）参考模型变形云图

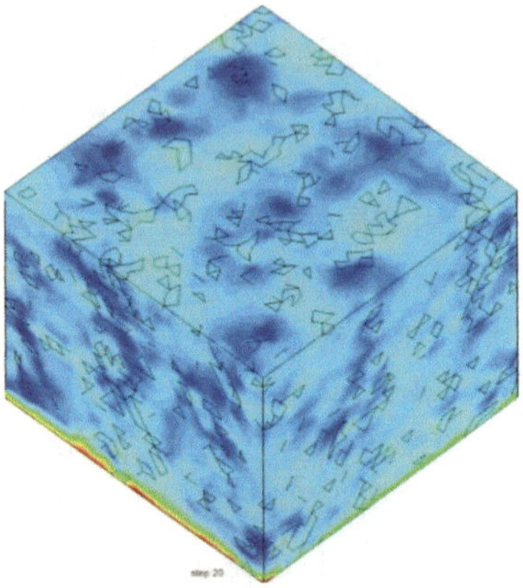

（b1）参考模型应力云图

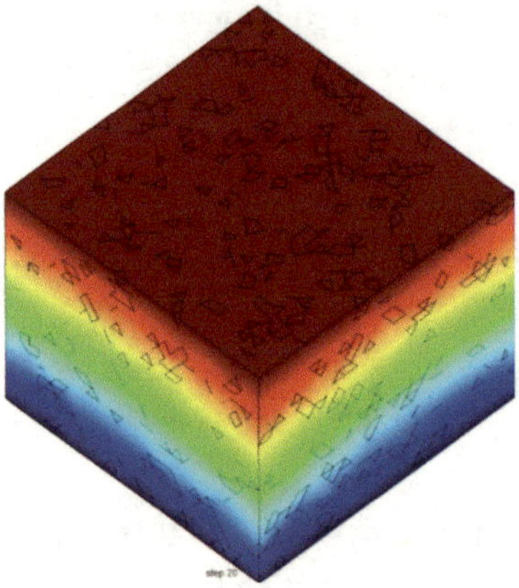

（a2）重构模型变形云图

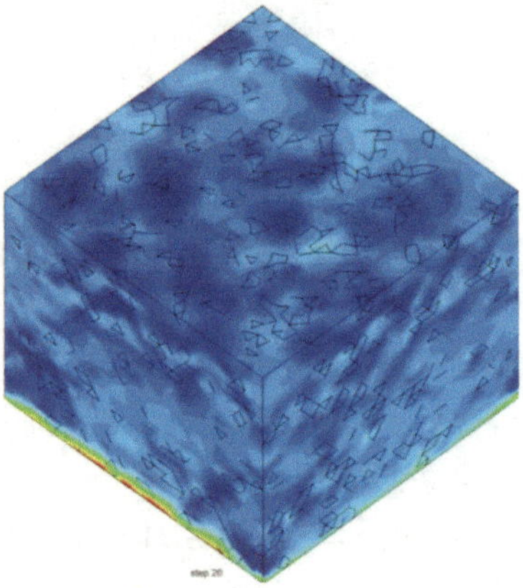

（b2）重构模型应力云图

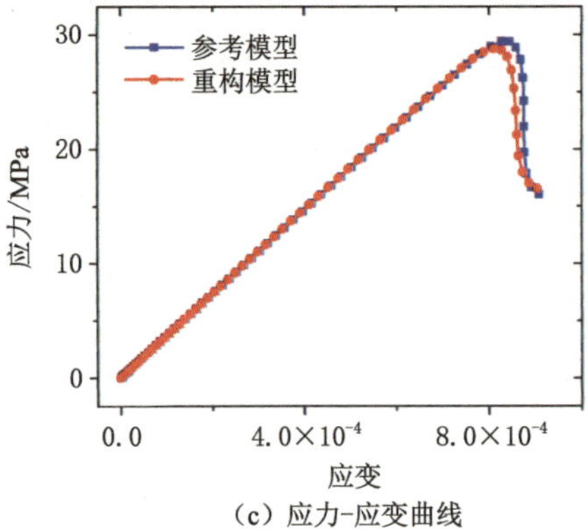

（c）应力-应变曲线

图 2-30　天然砂岩模型单轴压缩数值模拟

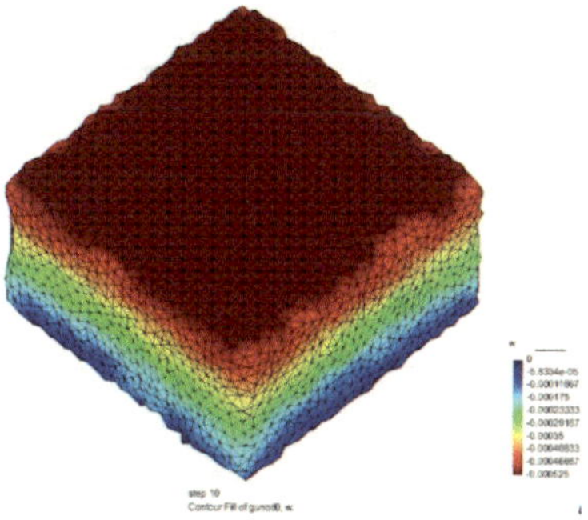

（a1）参考模型变形云图

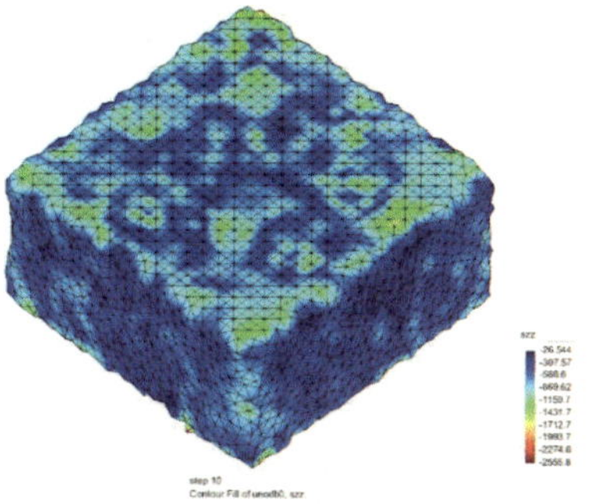

（b1）参考模型应力云图

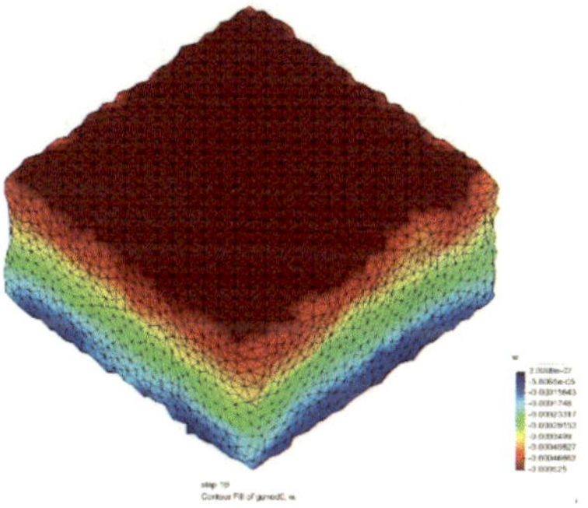

（a2）重构模型变形云图

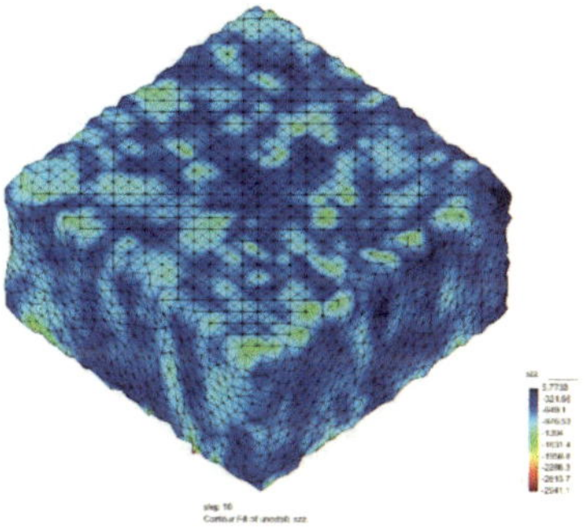

（b2）重构模型应力云图

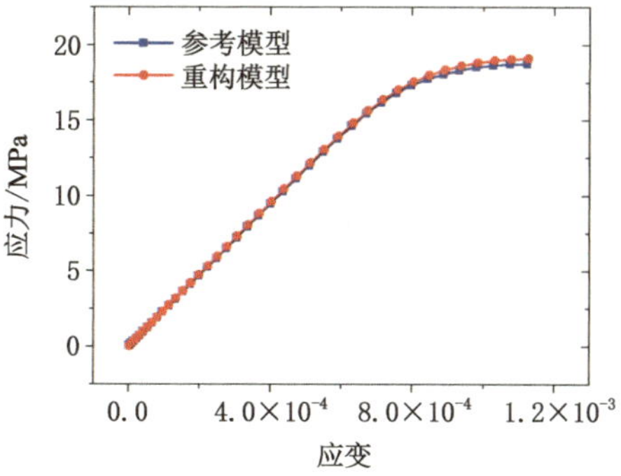

（c）应力-应变曲线

图 2-31　人工砂岩模型单轴压缩数值模拟

表2-6和表2-7分别给出了由计算得来的两组砂岩模型的整体力学参数。

表2-6 天然砂岩参考模型和重构模型的整体力学性能

模型	弹性模量/GPa	泊松比	抗压强度/MPa
参考模型	36.65	0.250	29.40
重构模型	36.86	0.249	28.80

表2-7 人工砂岩参考模型和重构模型的整体力学性能

模型	弹性模量/GPa	泊松比	抗压强度/MPa
参考模型	23.582	0.214	18.735
重构模型	22.119	0.212	19.087

通过对两组砂岩重构模型和参考模型在控制函数值、几何形貌、拓扑性质、分形维数和力学性能方面的对比,发现重构模型和参考模型有着几乎一致的控制函数统计值,二者有较高的拓扑相似性,重构模型和参考模型分形维数接近。人工砂岩模型相较于天然砂岩,展现出更高的分形维数,这揭示了其孔隙结构更为复杂,而这种复杂性主要归因于人工砂岩组成颗粒的粗糙特性;在力学性能方面,重构模型和参考模型在整体上表现出较高的相似性,天然砂岩孔隙率较小,整体弹性模量和抗压强度要高于人工砂岩。总体而言,该重构程序能够针对不同类型的孔隙结构进行高质量的重建工作。

2.6 本章小结

本章首先介绍了低渗岩石内部非连续结构的试验观测方法,着重介绍了利用CT扫描获取岩石三维数字岩心模型的方法。其次介绍了基于CT扫描灰度图像进行图像增强、二值化处理、孔网模型构建及量化参数提取。最后介绍了利用计算机手段进行岩石三维非连续结构重构的方法。通过本章所介绍的试验及计算机重构方法可以实现不同类型岩石数字化模型的构建,为分析岩石内部流体运移行为提供模型基础。

参考文献

[1] BLUNT M J,BIJELJIC B,DONG H,et al.Pore-scale imaging and modelling[J]. Advances in water resources,2013,51:197-216.

[2] DONG H.Micro-CT imaging and pore network extraction[D].London:Doctoral dissertation,Department of Earth Science and Engineering,2008.

[3] CNUDDE V,BOONE M N.High-resolution X-ray computed tomography in geosciences:a review of the current technology and applications[J].Earth science reviews,2013,123:1-17.

[4] LENOIR N,BORNERT M,DESRUES J,et al.Volumetric digital image correlation applied to X-ray microtomography images from triaxial compression tests on argillaceous rock[J].Strain,2007,43(3):193-205.

[5] ZHAN X,SCHWARTZ L,SMITH W,et al.Pore scale modeling of rock properties and comparison to laboratory measurements[J].Seg technical program expanded abstracts,2009(1):16-25.

[6] KETCHAM R A,CARLSON W D.Acquisition,optimization and interpretation of X-ray computed tomographic imagery:applications to the geosciences[J].Computers and geosciences,2001,27(4):381-400.

[7] WILDENSCHILD D,SHEPPARD A P.X-ray imaging and analysis techniques for quantifying pore-scale structure and processes in subsurface porous medium systems[J].Advances in water resources,2013,51:217-246.

[8] NOIRIEL C,MADÉ B,GOUZE P.Impact of coating development on the hydraulic and transport properties in argillaceous limestone fracture[J].Water resources research,2007,43(9):1-16.

[9] KARACAN C.Adsorption and gas transport in coal microstructure:investigation and evaluation by quantitative X-ray CT imaging[J].Fuel,2001,80(4):509-520.

[10] WITHERS P J.X-ray nanotomography[J].Materials today,2007,10(12):26-34.

[11] SPANNE P,THOVERT J F,JACQUIN C J,et al.Synchrotron computed microtomography of porous media:topology and transports[J].Physical review letters,1994,73(14):2001-2004.

[12] KARACAN C Ö.Swelling-induced volumetric strains internal to a stressed coal associated with CO_2 sorption[J].International journal of coal geology,2007,72(3/4):209-220.

[13] JONES D,WILSON M J,MCHARDY W J.Lichen weathering of rock-forming minerals:application of scanning electron microscopy and microprobe analysis[J].Journal of microscopy,1981,124(1):95-104.

[14] ZOU M J,YAO L L,DING Z B,et al.Characterization of coal pore structures and flow simulation based on CT and experiments of MIP and SEM [J].Particulate science and technology,2025,43(1):120-132.

[15] BALDWIN C A,SEDERMAN A J,MANTLE M D,et al.Determination and characterization of the structure of a pore space from 3D volume images[J].Journal of colloid and interface science,1996,181(1):79-92.

[16] ZHOU H W,LIU Z L,ZHONG J C,et al.NMRI online observation of coal fracture and pore structure evolution under confining pressure and axial compressive loads:a novel approach[J].Energy,2022,261:125297.

[17] DESBOIS G,URAI J L,KUKLA P A,et al.High-resolution 3D fabric and porosity model in a tight gas sandstone reservoir:a new approach to investigate microstructures from mm- to nm-scale combining argon beam cross-sectioning and SEM imaging[J].Journal of petroleum science and engineering,2011,78(2):243-257.

[18] KELLER L M,HOLZER L,WEPF R,et al.3D geometry and topology of pore pathways in Opalinus Clay:implications for mass transport[J].Applied clay science,2011,52(1/2):85-95.

[19] KELLER L M,HOLZER L,WEPF R,et al.On the application of focused ion beam nanotomography in characterizing the 3D pore space geometry of Opalinus clay[J].Physics and chemistry earth,parts A/B/C,2011,36(17/18):1539-1544.

[20] KELLER L M,SCHUETZ P,ERNI R,et al.Characterization of multiscale microstructural features in Opalinus Clay[J].Microporous and mesoporous materials,2013,170:83-94.

[21] YANG R,HE S,YI J Z,et al.Nano-scale pore structure and fractal dimension of organic-rich Wufeng-Longmaxi shale from Jiaoshiba area,Sichuan Basin:investigations using FE-SEM,gas adsorption and helium pycnometry[J].Marine and petroleum geology,2016,70:27-45.

[22] 郭英海,赵迪斐.微观尺度海相页岩储层微观非均质性研究[J].中国矿业大学学报,2015,44(2):300-307.

[23] HOUBEN M E,DESBOIS G,URAI J L.Pore morphology and distribution in the Shaly facies of Opalinus Clay (Mont Terri ,Switzerland):insights from representative 2D BIB-SEM investigations on mm to nm scale[J].Applied clay science,2013,71:82-97.

[24] MA Y,ZHONG N N,LI D H,et al.Organic matter/clay mineral intergranular pores in the Lower Cambrian Lujiaping Shale in the north-eastern part of the Upper Yangtze area,China:a possible microscopic mechanism for gas preservation[J].International journal of coal geology,2015,137:38-54.

[25] WANG T,ZHOU G X,FAN L Y,et al.Full-scale pore and microfracture characterization of deep coal reservoirs: a case study of the Benxi formation coal in the daning-jixian block,China[J].International journal of energy research,2024,2024:5772264.

[26] CHALMERS G R,BUSTIN R M,POWER I M.Characterization of gas shale pore systems by porosimetry, pycnometry, surface area, and field emission scanning electron microscopy/transmission electron microscopy image analyses:examples from the Barnett, Woodford, Haynesville, Marcellus, and Doig units [J]. Bulletin of the American association of petroleum geologists,2012,96(6):1099-1119.

[27] KELLY S,EL-SOBKY H,TORRES-VERDÍN C,et al.Assessing the utility of FIB-SEM images for shale digital rock physics[J].Advances in water resources,2016,95:302-316.

[28] KLAVER J,DESBOIS G,LITTKE R,et al.BIB-SEM characterization of pore space morphology and distribution in postmature to overmature samples from the Haynesville and Bossier Shales [J]. Marine and petroleum geology,2015,59:451-466.

[29] 邹才能,杨智,崔景伟,等.页岩油形成机制、地质特征及发展对策[J].石油勘探与开发,2013,40(1):14-26.

[30] ADMINISTRATION USEI.Technically recoverable shale oil and shale gas resources:an assessment of 137 shale formations in 41 countries outside the United States[R/OL]. https://www.zhangqiaokeyan.com/ntis-science-report_other_thesis/02071108672.htm.

[31] 邹才能,朱如凯,白斌,等.中国油气储层中纳米孔首次发现及其科学价值[J].岩石学报,2011,27(6):1857-1864.

[32] 王志刚.涪陵页岩气勘探开发重大突破与启示[J].石油与天然气地质,2015(1):1-6.

[33] NELSON P H.Pore-throat sizes in sandstones,tight sandstones,and shales[J]. AAPG bulletin,2009,93(3):329-340.

[34] GENSTERBLUM Y, GHANIZADEH A, CUSS R J, et al. Gas transport and storage capacity in shale gas reservoirs: a review. Part A: transport processes[J]. Journal of unconventional oil and gas resources, 2015, 12: 87-122.

[35] CUI X, BUSTIN A M M, BUSTIN R M. Measurements of gas permeability and diffusivity of tight reservoir rocks: different approaches and their applications [J]. Geofluids, 2009, 9(3): 208-223.

[36] LIANG C, JIANG Z X, ZHANG C M, et al. The shale characteristics and shale gas exploration prospects of the Lower Silurian Longmaxi shale, Sichuan Basin, South China[J]. Journal of natural gas science and engineering, 2014, 21: 636-648.

[37] JU Y, XI C D, ZHANG Y, et al. Laboratory in situ CT observation of the evolution of 3D fracture networks in coal subjected to confining pressures and axial compressive loads: a novel approach[J]. Rock mechanics and rock engineering, 2018, 51(11): 3361-3375.

[38] HUANG L J, ZHANG J K, WEI X Y, et al. Improved ultrafast power Doppler imaging by using spatiotemporal non-local means filtering[J]. IEEE transactions on ultrasonics, ferroelectrics, and frequency control, 2022, 69(5): 1610-1624.

[39] 南方哲，钱育蓉，行艳妮，等.基于深度学习的单图像超分辨率重建研究综述[J].计算机应用研究，2020，37(2)：321-326.

[40] PURSWANI P, KARPYN Z T, ENAB K, et al. Evaluation of image segmentation techniques for image-based rock property estimation [J]. Journal of petroleum science and engineering, 2020, 195: 107890.

[41] ALHAMMADI A M, GAO Y, AKAI T, et al. Pore-scale X-ray imaging with measurement of relative permeability, capillary pressure and oil recovery in a mixed-wet micro-porous carbonate reservoir rock[J]. Fuel, 2020, 268: 117018.

[42] ZHANG G L, RANJITH P G, LIANG W G, et al. Stress-dependent fracture porosity and permeability of fractured coal: an in situ X-ray tomography study[J]. International journal of coal geology, 2019, 213: 103279.

[43] VOORN M, EXNER U, RATH A. Multiscale Hessian fracture filtering for the enhancement and segmentation of narrow fractures in 3D image data[J]. Computers and geosciences, 2013, 57: 44-53.

[44] VOORN M, EXNER U, BARNHOORN A, et al. Porosity, permeability and 3D fracture network characterisation of dolomite reservoir rock samples[J]. Journal of petroleum science and engineering, 2015, 127: 270-285.

[45] IASSONOV P, GEBRENEGUS T, TULLER M. Segmentation of X-ray computed tomography images of porous materials: a crucial step for characterization and quantitative analysis of pore structures [J]. Water resources research, 2009, 45(9): W09415.

[46] JIN H X, CAO L, KAN X, et al. Coal petrography extraction approach based on multiscale mixed-attention-based residual U-net[J]. Measurement science and technology, 2022, 33(7): 075402.

[47] RONNEBERGER O, FISCHER P, BROX T. U-net: convolutional networks for biomedical image segmentation[M]//Lecture Notes in Computer Science. Cham: Springer International Publishing, 2015: 234-241.

[48] KANURI N, ABDELKARIM A Z, RATHORE S A. Trainable WEKA (waikato environment for knowledge analysis) segmentation tool: machine-learning-enabled segmentation on features of panoramic radiographs [J]. Cureus, 2022, 14(1): e21777.

[49] BLUNT M J. Multiphase flow in permeable media. a pore-scale perspective [J]. Ground water, 2018, 56(5): 688-689.

[50] OREN P E, BAKKE S. Process based reconstruction of sandstones and prediction of transport properties[J]. Transport in porous media, 2002, 46(2): 311-343.

[51] WANG M, PAN N. Predictions of effective physical properties of complex multiphase materials[J]. Materials science and engineering, 2008, 63(1): 1-30.

[52] JIAO Y, STILLINGER F H, TORQUATO S. A superior descriptor of random textures and its predictive capacity[J]. Proceedings of the national academy of sciences of the United States of America, 2009, 106(42): 17634-17639.

[53] JU Y, ZHENG J T, EPSTEIN M, et al. 3D numerical reconstruction of well-connected porous structure of rock using fractal algorithms[J]. Computer methods in applied mechanics and engineering, 2014, 279: 212-226.

[54] YEONG C L Y, TORQUATO S. Reconstructing random media[J]. Physical review E, 1998, 57(1): 495-506.

[55] YEONG C L Y, TORQUATO S. Reconstructing random media. Ⅱ. Three-dimensional media from two-dimensional cuts[J]. Physical review E, 1998, 58(1): 224-233.

[56] JIAO Y, STILLINGER F H, TORQUATO S. Modeling heterogeneous materials via two-point correlation functions. Ⅱ. Algorithmic details and applications[J]. Physical review E, 2008, 77(3): 031135.

[57] JIAO Y, STILLINGER F H, TORQUATO S. Modeling heterogeneous materials via two-point correlation functions: basic principles[J]. Physical review E, 2007, 76(1): 031110.

[58] 赵秀才,姚军,陶军,等.基于模拟退火算法的数字岩心建模方法[J].高校应用数学学报,2007,22(2):127-133.

[59] PENG R D, XIE H P, JU Y. Computation method of fractal dimension for 2-D digital image[J]. Journal of China University of Mining and Technology, 2004, 33(1): 19-24.

第 3 章　低渗岩石内部单相气体运移行为模拟

从岩石的微观结构出发有助于更深刻地理解岩石宏观物理力学行为发生的内在机理。基于构建的三维可视化岩石孔隙结构模型开展渗透性质的研究，可以更直观地认识岩石内部流体流动规律，从而建立起外在渗透率表象和内在孔隙结构对流动性质影响的规律。

3.1　格子玻尔兹曼方法

在宏观尺度，对流体的描述通常采用连续性假设，使用 Navier-Stocks(NS)方程进行描述。在微观尺度，关注的是每个分子的运动规律，采用分子动力学(MD)的方式描述，不需要太多假设，但由于需要研究数量巨大的分子运动，所以导致计算量过大，难以实现对流体运动的描述。从岩石的微观结构出发有助于更深刻地理解岩石宏观物理力学行为发生的内在机理。基于构建的三维可视化岩石孔隙结构模型开展渗透性质的研究，可以更直观地认识岩石内部流体流动规律，从而建立起外在渗透率表象和内在孔隙结构对流动性质影响的规律。格子玻尔兹曼方法(LBM)由于在岩石三维孔隙结构复杂边界处理及天然的并行优势，被广泛用于岩石内部流体输运行为模拟。本章重点介绍对于诸如页岩等低渗岩石内部纳米尺度孔隙结构内的气体输运行为模拟，并分析纳米尺度效应对页岩渗透率的影响。

3.1.1　格子玻尔兹曼方法简介

在细观和介观尺度上，人们常用玻尔兹曼方程描述流体行为，与 MD 方法不同，它不关注分子的个体运动，而是利用统计力学方法，得出分子在特定状态下的概率，通过状态函数研究流体性质，并在一定假设下推导宏观公式。

在研究孔隙结构内流体的流动规律时，近年来发展起来的格子玻尔兹曼方法具有可直接应用到复杂几何特征的孔隙结构以及易于并行等优势而被广泛使用[1]。连续形式的玻尔兹曼方程求解比 NS 方程更为复杂，而格子玻尔兹曼方法通过将速度迁移规范化，使得模拟计算和程序设计大大简化。与传统数值模拟方法(CFD)是对宏观描述连续性方程进行离散化来进行求解不同，LBM 是基于微细观尺度的动力学方程的简化求解。LBM 最早起源于格子气自动机(LGA)[2]，分别对时间和空间进行离散，流体被抽象成微团并在离散的格子上碰撞和迁移。通过将连续玻尔兹曼方程简化为只在特定的格子方向进行演化，克服了连续玻尔兹曼方程复杂难以求解的缺点，同时又考虑了微观尺度分子的统计性质。计算中流体微团的分布函数根据格子玻尔兹曼方程进行演化，选择合适的平衡态分布函数，并对格子玻尔兹曼演化方程进行 Chapman-Enskog 展开，可以得到宏观 NS 方程。

通过这样的处理使得 LBM 具有以下优点：考虑了边界复杂性，尤其是在复杂孔隙结构内部流体流动的研究；考虑了多相流交界面的问题，对油气开采、二氧化碳地质封存等领域具有十分重要的意义。此外，自身的特点决定了这种方法具有天然并行性，可以采用当前的并行机进行大规模运算。

3.1.2 多孔介质内流动 LBM 模拟及准确性验证

采用 LBM 模拟计算可以获得岩石孔隙结构内部流体流动的速度场分布，通过速度场可以换算模型的渗透率。首先将二值化的孔隙结构模型直接转换为离散格子模型，采用 D3Q19 模型来离散格点速度，采用反弹边界模拟壁面无滑移条件。Succi 等[3-4]对 LBM 方法进行了系统的介绍，何雅玲等[5]和郭照立等[6]介绍了 LBM 方法的起源、发展及应用。

为了定量分析煤岩裂隙结构内气体渗流行为，可以采用并行多松弛格子玻尔兹曼算法(MRT-LBM)，不包含外力的格子玻尔兹曼演化方程可以写为：

$$f_i(\boldsymbol{x}+\boldsymbol{c}_i\Delta t, t+\Delta t)-f_i(\boldsymbol{x}, t)=\Omega_i(f_i) \tag{3-1}$$

式中 $f_i(\boldsymbol{x}, t)$——$\boldsymbol{x}$ 节点在 t 时刻的离散化概率密度函数；

c_i——格子速度；

$\Omega_i(f_i)$——碰撞因子，采用 D3Q19 模型离散格式计算复杂孔隙结构内的流动行为。

采用多松弛碰撞因子，可写为：

$$\Omega_i(f_i)=-\sum_j(\boldsymbol{M}^{-1}\boldsymbol{S}\boldsymbol{M})_{ij}(f_i-f_i^{eq}) \tag{3-2}$$

式中 f_i^{eq}——平衡态分布函数，模型平衡分布函数由式(3-3)给出：

$$f_i^{eq}(\boldsymbol{x}, t)=w_i\rho(\boldsymbol{x}, t)\left[1+3\frac{\boldsymbol{e}_i\boldsymbol{u}^{eq}}{c^2}+9\frac{(\boldsymbol{e}_i\boldsymbol{u}^{eq})^2}{2c^2}-3\frac{(\boldsymbol{u}^{eq})^2}{2c^2}\right] \tag{3-3}$$

其中，$\boldsymbol{M}$ 为 19×19 的转置方程，$\boldsymbol{S}$ 是一个对角矩阵，其值定义如下[7]：

$$\boldsymbol{S}=\mathrm{diag}(0,s_e,s_\varepsilon,0,s_q,0,s_q,0,s_q,s_v,s_\pi,s_v,s_\pi,s_v,s_v,s_v,s_m,s_m,s_m) \tag{3-4}$$

其中，$s_v=\dfrac{1}{\tau}$，$s_e=s_\varepsilon=s_q=s_\pi=s_m=8\times\dfrac{2-s_v}{8-s_v}$。$\tau$ 为松弛时间，宏观运动黏度和松弛时间存在以下关系：$v=\dfrac{\mathrm{d}x^2}{3\mathrm{d}t}(\tau-0.5)$。宏观密度和速度可通过下式求得：

$$\rho=\sum_i f_i,\boldsymbol{u}=\sum_i \boldsymbol{c}_i f_i \tag{3-5}$$

式中　ρ——流体宏观密度；

$\boldsymbol{u}$——流体宏观速度。

求得模型内的速度分布后，可由达西定律求得整个结构的渗透率 k：

$$k=-\frac{\mu U_x}{\mathrm{d}p/\mathrm{d}x} \tag{3-6}$$

式中　U_x——x 方向流体出口的平均速度；

μ——运动黏度；

$\mathrm{d}p/\mathrm{d}x$——x 方向上的压力梯度。

为了验证 LBM 程序的准确性，采用该模型计算了直通道内流体的流速分布，并和泊肃叶流的理论公式(3-7)进行了对比：

$$U=\frac{1}{2\mu}\left(\frac{\mathrm{d}p}{\mathrm{d}x}\right)(H^2-y^2) \tag{3-7}$$

式中　H——管道宽度；

y——所求流体离管道中心的垂直距离。

计算的结果与理论值的比较如图 3-1 所示。可以发现模拟值和理论值十分接近，保证了模拟计算的准确性。

3.1.3　高 *Kn* 数 LBM 模拟及准确性验证

采用反弹边界条件的标准格子玻尔兹曼方法可用于研究克努森数(Kn)极小的连续流，作为传统计算流体动力学(CFD)方法的替代。低渗岩石内部孔隙结构集中在纳米尺度，通常 $Kn>0.001$，连续流假设将不再成立，导致岩石的表观渗透率大于其本征渗透率[8-9]。Chen 等[10]结合了 LBM 和 MD 来研究跨尺度模型内流体的流动规律。为了更好地描述纳米尺度页岩的渗透性质，Chen 等[11-12]尝试通过对 LBM 中的弛豫时间以及碰撞边界条件加以修正和描述滑脱流及过渡区流动。Chen 等[13]和 Wang 等[14]采用球堆积模型构建了有机质内的孔隙结构模型，采用修正的 LBM 分析了模型表观渗透率，指出克努森扩散在纳

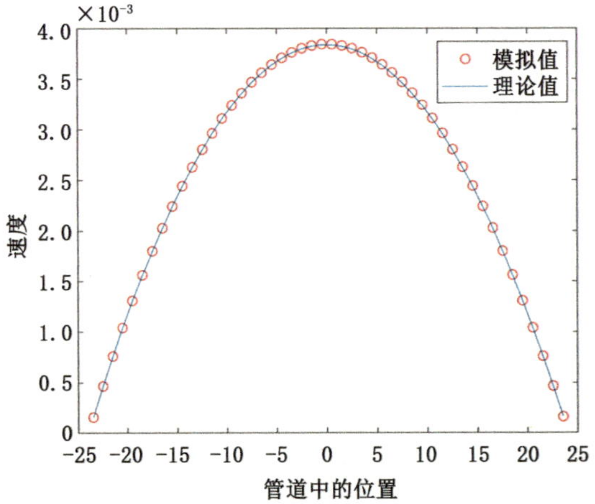

图 3-1　直通道内流体运移速度理论值与模拟值的对比

米尺度孔隙中的流动起到了不可忽略的作用，并采用等效克努森扩散系数和渗透率来描述纳米尺度孔隙内的流动。Gao 等[15]采用 LBM 方法研究了多矿物组分页岩模型的表观渗透率，但不同组分的渗透率和形状参数需要通过经验公式获得。Chen 等[16]采用 LBM 方法研究了致密孔隙结构内的流动规律，同样需要引入经验参数。Wang 等[17]考虑了高克努森数真实气体在孔隙结构内的流动规律，并进行了跨尺度页岩气产量分析研究。Michel 等[18]结合 Beskok 方程和拟气体压力考虑了高克努森数条件下真实气体的流动规律。

LBM 方法易于实现复杂结构内的流体流动规律研究，在纳米尺度考虑高克努森数条件下的气体流动规律时，需要进行等效黏度及碰撞边界的修正[14]，本节介绍采用 MRT-LBM 方法模拟高克努森数气体流动的相关改进。MRT-LBM 用于模拟纳米尺度孔隙结构内的高克努森数流动时具有以下三个优点：① 采用玻尔兹曼方程可以获得高克努森数流动的精确解，而 LBM 正是基于对玻尔兹曼方程的离散化；② 采用 MRT-LBM 程序稳定性更好，结果比 SRT-LBM 更准确；③ LBM在模拟多孔介质内的流体流动时，其孔隙壁面边界的处理更为简便。

为了考虑高克努森数效应导致的壁面滑移，采用定义流体等效黏度及孔隙壁面完全漫反射条件来准确捕捉高克努森数效应。气体的平均自由程定义如下：

$$\lambda=\frac{\mu}{\rho}\sqrt{\frac{\pi M}{2RT}} \tag{3-8}$$

式中　μ——气体黏度；

　　　ρ——气体密度；

M——气体摩尔质量；

R——气体常数，其值等于 8.314 J/(mol·K)；

T——温度。

Kn 定义为：

$$Kn=\frac{\lambda}{l} \tag{3-9}$$

式中　l——特征长度。

孔隙壁面完全漫反射条件定义如下[19]：

$$f_i^{\text{new}}=\omega_i\frac{\sum_{j,\text{solid}}f_j}{\sum\limits_{j,\text{solid}}\omega_j} \tag{3-10}$$

式中　$\sum_{j,\text{solid}}f_j$——指向壁面的 f_j 求和；

f_i^{new}——漫反射后指出壁面的概率密度分布。

等效黏度采用如下方程求得：

$$\mu_{\text{e}}=\frac{\mu}{1+aKn} \tag{3-11}$$

式中　a——经验常数，其值取 2.2[20]。

为了验证程序的准确性，首先计算了纳米尺度直通道内的高克努森数气体流动。通道长 550 nm、宽 55 nm，计算中采用的网格划分为 100×13 个格子点。采用上述模型计算了 $Kn=0.709$ 直通道内的速度分布，并和 Beskok 等[20]给出的半解析解进行了对比，对比结果如图 3-2 所示。

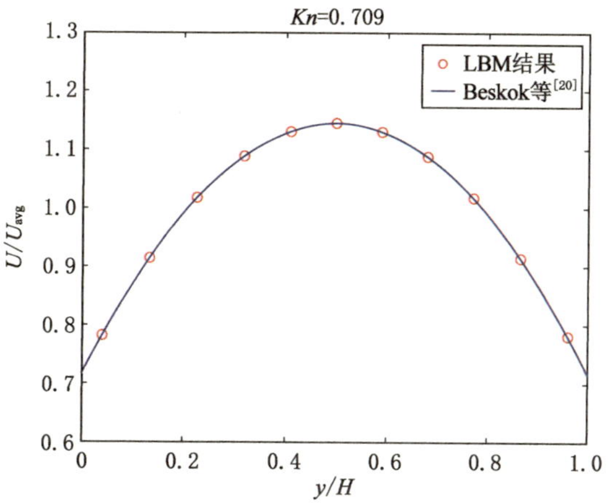

图 3-2　直通道内高克努森数气体流动速度分布的模拟结果与解析结果对比

由对比结果可以看出，模拟结果与解析解的结果一致。同时从速度分布图可以看出，对于高克努森数流动来说，在固体壁面处出现了速度大于零，即壁面速度滑移的现象，在 LBM 中采用壁面的漫反射条件可以较好地模拟壁面速度滑移。

3.2 几何结构对渗透率的影响

3.2.1 低渗岩石孔隙-微裂纹结构简化模型

低渗岩石孔隙率一般小于 15%，孔隙空间中存在着大量不规则的孔隙及微裂纹。前人研究指出，低渗岩石中的微裂纹对其渗透率起到了至关重要的作用，在有效应力的作用下容易产生相对自身尺寸来说较大的变形。在有效应力较低时，这些微裂纹保持张开状态，随着有效应力的增加，这些微裂纹逐渐闭合。

低渗岩石 CT 扫描受限于扫描精度和二值化过程中信息丢失的限制，导致部分微裂纹结构信息难以准确提取。为了分析微裂隙结构对模型渗透率的影响，在结构内部人为地增加代表微裂纹的线条，形成孔隙-微裂纹模型代表低渗岩石在较低有效应力情况下的内部流通结构，并采用未加入微裂纹的模型来代表较高有效应力情况下的岩石内部流动通道，以此考虑微裂纹闭合对岩石渗透率的影响。

采用二维切片图来说明微裂纹增加过程，孔隙结构切片图如图 3-3(a)所示，随机在图中选取两点作为放入微裂纹的起点和终点，并采用一条直线连接这两个点。直线的长度、方位角都服从随机正态分布。在二值图像中，此直线所穿过的白色像素点（岩石基质相）更改为黑色（孔隙相），黑色像素点保持不变，如图 3-3(b)所示。采用图像膨胀技术对生成的直线进行膨胀处理，保证生成直线的连通性，如图 3-3(c)所示。通过这样简化处理的方式获得了低渗砂岩内部孔隙-微裂纹通道模型。

截取天然低渗砂岩模型中的一部分作为孔隙模型，假设每个像素点的边长为 1 μm。在孔隙模型的基础上增加随机分布的微裂纹，形成孔隙-微裂纹模型。图 3-4 给出了两个模型的三维展示图。图中黑色部分为流动通道，可以看出孔隙-微裂纹模型的流动通道比孔隙模型更为复杂，随机分布的微裂纹连通了部分之前孤立的无效通道，其中孔隙模型的孔隙率为 16.22%，孔隙-微裂纹模型的孔隙率为 18.29%，相差 2.07%。

采用 LBM 方法对上述两个模型进行内部气体输运行为分析，经计算得到了平衡态时二者流动通道内的三维速度场分布，如图 3-5 所示。

（a）孔隙模型　　（b）加入直线　　（c）直线膨胀处理

图 3-3　孔隙-微裂纹模型生成过程

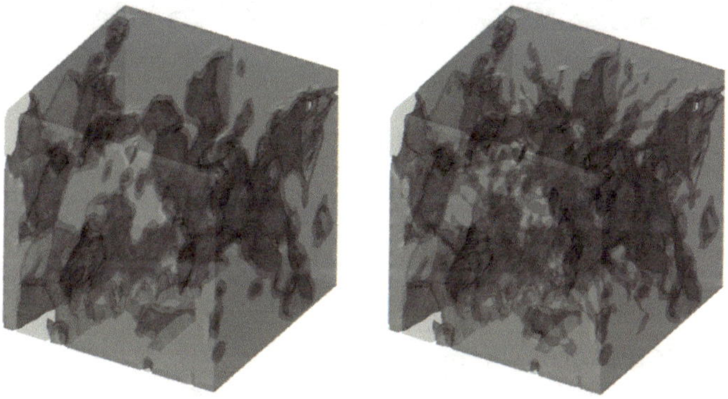

（a）孔隙模型　　（b）孔隙-微裂纹模型

图 3-4　低渗岩石三维孔隙-微裂纹结构模型的三维展示

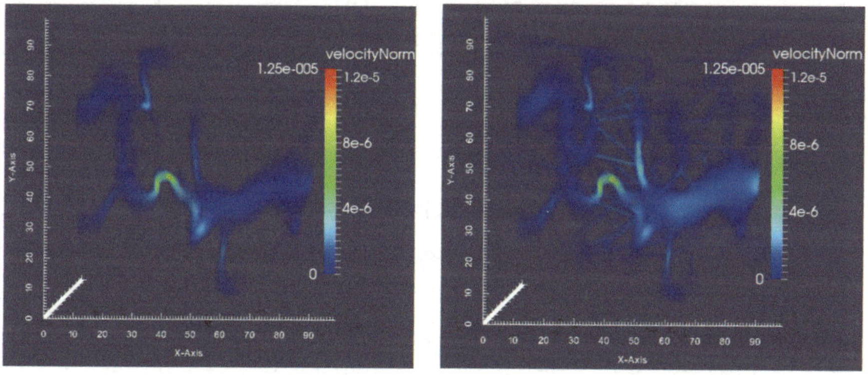

（a）孔隙结构模型　　（b）孔隙-微裂纹模型

图 3-5　模型内速度场分布

从图 3-5 中可以看出，微裂纹的增加连通了更多的流动通道，模型内平均速度增加。图 3-6 给出了模型中央切片处二者速度场的分布图。

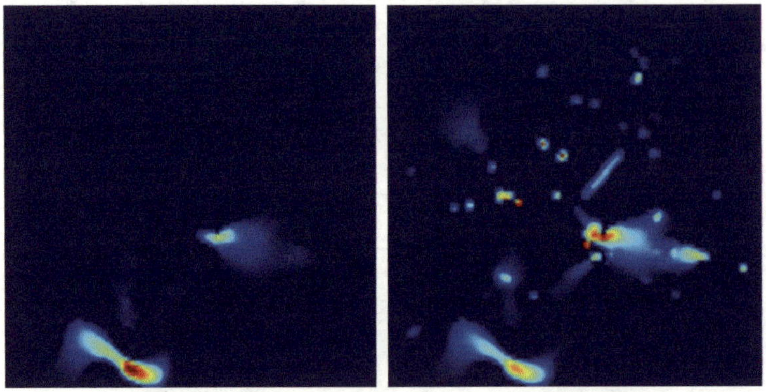

(a) 孔隙结构模型　　(b) 孔隙-微裂纹模型

图 3-6　模型中间切片速度场分布

由图 3-6 可以清晰地看到，增加的部分微裂纹中流体流速较高，并且正是由于这些微裂纹的存在连通了部分之前对流动不起作用的孤立孔隙。经过换算得到孔隙模型的渗透率为 3.16 mD，孔隙-微裂纹模型的渗透率为 7.55 mD。由此可见，微裂纹的存在使得模型的渗透率大大提高。孔隙-微裂纹模型的渗透率是孔隙模型渗透率的 2.39 倍。微裂纹虽然只占岩石孔隙总体积的一小部分，但是在有效应力增加时，微裂纹闭合导致了岩石整体渗透率的快速下降。值得注意的是，当前岩石三维孔隙模型尺寸为 100^3 voxel，同时模型的分辨率较低，单个像素点的边长假设为 1 μm，导致更微观的结构难以准确表征。为了更准确地反映渗透性质，对低渗岩石微观建模需要深入更微观的尺度，同时需要更微观的图像数据支持。

3.2.2　裂隙煤岩内气体渗流行为计算

深部开采面临着复杂的地质构造、高地应力及高孔隙压力等严苛的条件，开采扰动导致瓦斯突出、矿井突水等灾害时有发生。针对煤岩内部裂隙结构演化导致的渗透率突增定量计算的难题，采用 MRT-LBM 计算了裂隙煤岩内部气体渗流行为，模型尺寸为 500 mm×500 mm×500 mm，单轴压缩破坏后煤岩内部裂隙结构三维空间分布如图 3-7(a)所示，二值化三维裂隙结构表面形态如图 3-7(b)所示。三维数字模型总孔隙率为 10.47%，沿竖直方向有效孔隙率为 9.31%。

模型中竖直方向连通的所有裂隙结构所占有的节点视为流体节点，其余所

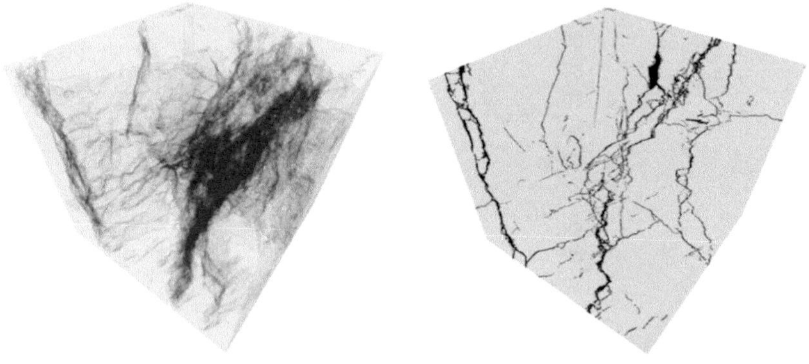

（a）裂隙结构三维空间分布　　（b）二值化三维裂隙结构表面形态

图 3-7　煤岩裂隙结构三维数字模型

有岩石基质视为固体节点，壁面采用半步长反射条件。计算中采用非平衡外推格式在模型的竖直方向施加压力梯度。实时监测竖直方向的平均速度，当 $\left|\dfrac{\overline{U_x}-\overline{U'_x}}{\overline{U_x}}\right|<10^{-5}$ 时，认为计算接近平衡，输出计算结果。模拟中所用的参数见表 3-1。计算达到平衡后，提取了裂隙结构内部的速度矢量，其中平行于竖直方向的三个中间切片内流体的速度矢量如图 3-8 所示。

表 3-1　模拟中所用的参数

模型尺寸/(mm×mm×mm)	100×100×100
dx/m	5×10^{-9}
T/K	380
ρ/(kg/m^3)	15.19
p/MPa	3
∇p/(MPa/m)	−1
μ/[kg/(m·s)]	1.4×10^{-5}

基于模型内所有裂隙节点速度矢量分析了模型的渗透率，计算所得模型的渗透率为 1.20×10^{-12} m^2，相比单轴压缩前实测渗透率上升了接近 4 个数量级。单轴压缩破坏后，煤岩内部形成了多条相互连通的裂隙结构。这些单轴压缩破坏所导致的新生裂隙是煤岩渗透率显著升高的主要原因。该研究为定量分析开采扰动后煤岩内部气体渗流行为提供了一种有效的技术手段[21-22]。

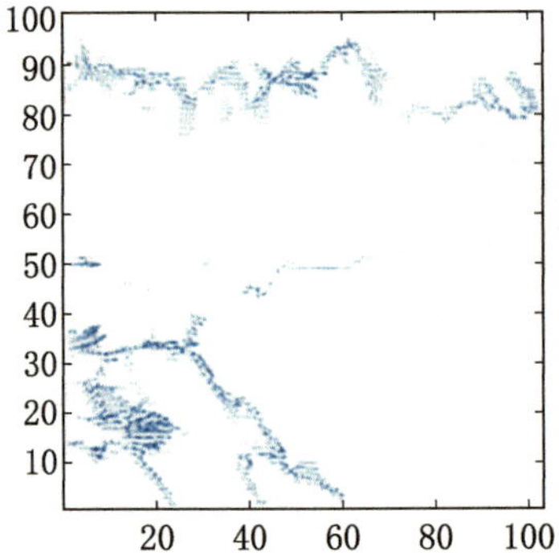

（a）沿y轴1/4层位速度场分布

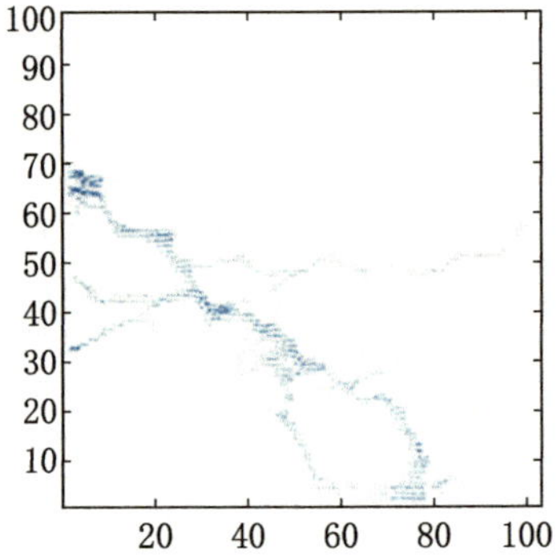

（b）沿y轴2/4层位速度场分布

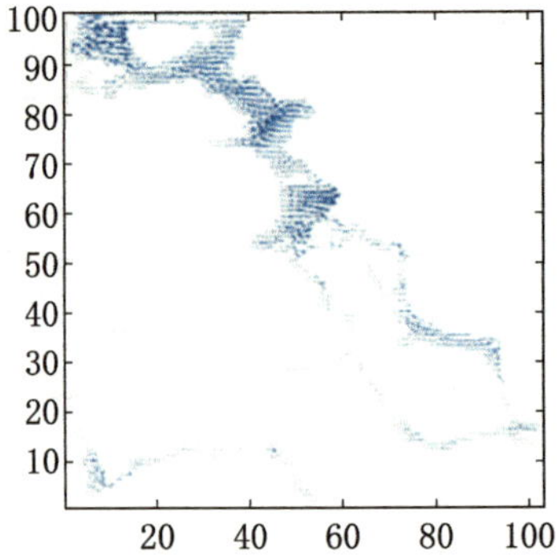

（c）沿y轴3/4层位速度场分布

图 3-8　裂隙结构内速度场分布

3.3 纳米尺度效应对渗透率影响分析

采用 MRT-LBM 模拟了生成的纳米尺度孔隙结构内的气体流动规律，分别计算了是否考虑高克努森数效应模型的表观渗透率 k_a 和本征渗透率 k_0。计算中，采用非平衡外推格式在模型的 x 方向施加压力梯度。实时监测 x 方向的平均速度，当 $\left|\dfrac{\overline{U_x}-\overline{U_x'}}{\overline{U_x}}\right|<10^{-5}$，即前后两次循环速度差很小时，认为程序计算接近平衡，输出计算结果。程序计算中所用的参数见表 3-2。

表 3-2　程序计算中所用的参数

模型尺寸/(mm×mm×mm)	64×64×64
dx/m	5×10^{-9}
T/K	380
R/[J/(mol·K)]	8.314
M/(kg/mol)	0.016
ρ/(kg/m^3)	15.19
p/MPa	3
∇p/(MPa/m)	−1
μ/[kg/(m·s)]	1.4×10^{-5}

3.3.1 粒间孔模型内气体流动行为

采用 MRT-LBM 分别计算了 5 组不同孔隙率粒间孔模型的 k_0 和 k_a。每组孔隙率模型包含 10 个随机结构，以减小由于结构随机性导致的不确定性。在表 3-2 设定的条件下，5 组粒间孔模型的 Kn 值见表 3-3。在 k_0 的计算中采用反弹边界条件用于模拟壁面无滑移的情形。在 k_a 的计算中采用完全漫反射壁面条件及等效气体黏度，用于准确捕捉壁面速度滑移现象。

表 3-3　粒间孔模型在计算条件下的克努森数

编号	1	2	3	4	5
孔隙率/%	8	10	12	14	16
Kn	0.59	0.55	0.52	0.49	0.46

粒间孔模型 k_0 和 k_a 的计算结果如图 3-9 所示。从图 3-9 中可以看出，随着模型孔隙率的增加其渗透率快速增加，模型的 k_a 大约是 k_0 的 2 倍。当孔隙率从 8%增加到 16%时，模型的 k_0 和 k_a 增加大约一个数量级。

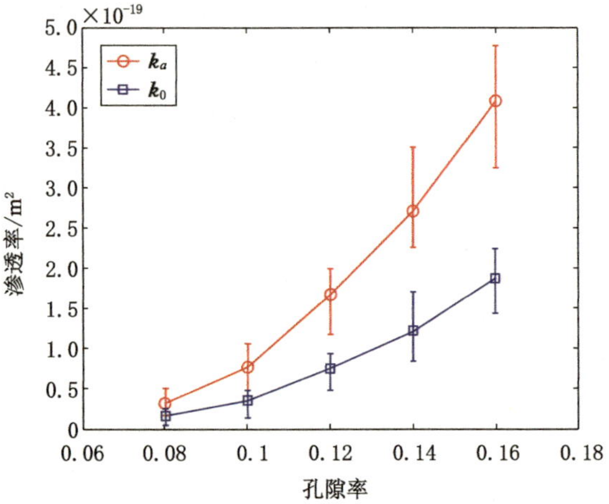

图 3-9　粒间孔模型 k_0 和 k_a 的计算结果

3.3.2　微裂纹模型内气体流动行为

采用 MRT-LBM 分别计算了 5 组不同孔隙率微裂纹模型的 k_0 和 k_a。每组孔隙率模型包含 10 个随机结构，生成的模型中微裂纹的开度保持一致，在表 3-2 设定的条件下，5 组模型的 Kn 值都为 0.173。模型 k_0 和 k_a 的计算结果如图 3-10 所示。

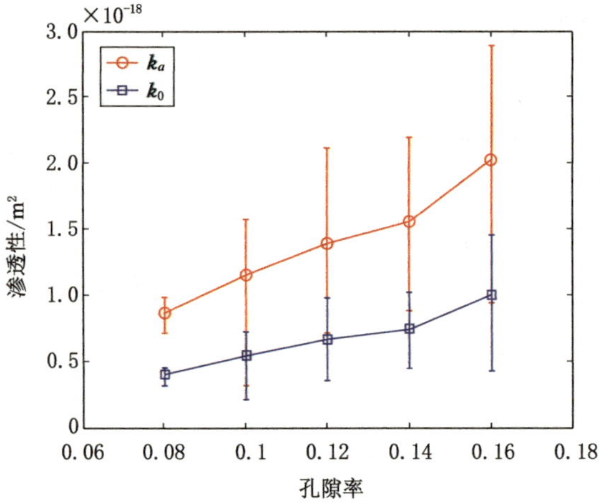

图 3-10　微裂纹模型 k_0 和 k_a 的计算结果

从图 3-10 中可以看出，模型的 k_a 和 k_0 基本随着模型的孔隙率线性增加。与粒间孔模型相比，在相同的孔隙率条件下，微裂纹模型的 k_0 和 k_a 要远大于粒间孔模型。例如，当模型的孔隙率为 8％和 10％时，微裂纹模型的渗透率要比粒间孔高一个数量级。这是由于在此孔隙率条件下微裂纹的有效孔隙率更大，同时孔隙空间结构简单，连通性更好。对比说明孔隙结构形态及其连通性对于模型的渗透率起着至关重要的作用。微裂纹模型展现出了较高的渗透率，说明在页岩气产出过程中微裂纹起着重要的作用。

3.3.3　有机质孔模型内气体流动行为

采用 MRT-LBM 分别计算了 5 组不同孔隙率有机质孔模型的 k_0 和 k_a。与前两组模型不同，有机质孔具有更高的孔隙率（30％～50％）。在表 3-2 设定的条件下，5 组有机质孔模型的 Kn 值见表 3-4。模型 k_0 和 k_a 的计算结果如图 3-11 所示。

表 3-4　有机质孔模型在计算条件下的克努森数

编号	1	2	3	4	5
孔隙率/％	30	35	40	45	50
Kn	0.25	0.24	0.22	0.22	0.20

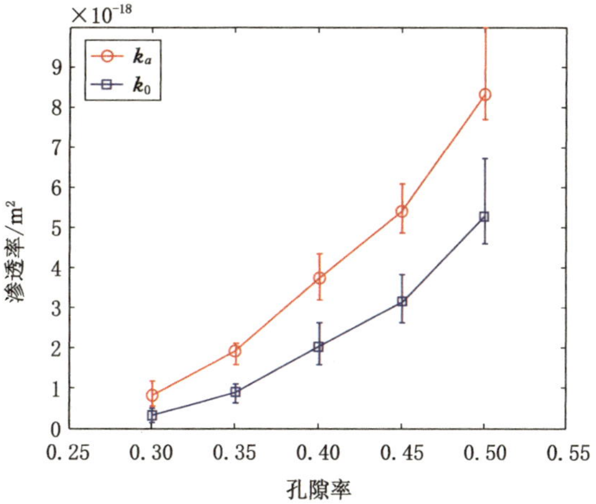

图 3-11　有机质孔模型 k_0 和 k_a 的计算结果

从图 3-11 中可以看出，随着孔隙率的增加，模型的渗透率快速增加。由于有机质孔模型具有更高的孔隙率且孔隙等效尺寸更大，因而与粒间孔模型相比，其渗透率更高。但是有机质孔隙模型的渗透率与微裂纹孔隙模型接近，在同一数量级。这再一次证明了孔隙结构形态对渗透率的重要影响。

3.4 本章小结

本章简要介绍了 LBM 算法的基本原理，并计算了低渗岩石内部复杂孔隙-微裂结构及煤岩破坏后裂隙结构内的单相气体流动行为，获得了低渗岩石复杂结构内部流体的速度场分布，并换算得到了渗透率。通过对比几何结构的影响发现，增加的微裂纹虽然只占孔隙结构总体积的一小部分，但是对模型的渗透率具有很大的贡献。通过分析裂隙煤岩渗透率发现，煤岩破坏内部产生裂隙结构是导致煤渗透率急剧上升的主导因素。

分析纳米尺度页岩代表性孔隙结构内的渗流行为发现，渗透率随有效孔隙率的增加而增加，但是增加快慢与孔隙结构形态有关。孔隙结构形态对于其渗透率具有巨大影响，微裂纹模型虽然孔隙率较小，但是其对渗透率贡献较大。对比不同模型的 k_0 和 k_a 可以发现，高克努森数效应导致的孔隙结构壁面速度滑移对于模型的表观渗透率起着不可忽视的作用。

参考文献

[1] CHEN S Y，DOOLEN G D. Lattice Boltzmann method for fluid flows[J]. Annual review of fluid mechanics，1998，30：329-364.

[2] MCNAMARA G R，ZANETTI G. Use of the Boltzmann equation to simulate lattice gas automata[J]. Physical review letters，1988，61(20)：2332-2335.

[3] SUCCI S. The lattice Boltzmann equation for fluid dynamics and beyond [J]. European journal of mechanics，2001(1)：15-26.

[4] SUKOP M C，THORNE D T. Lattice Boltzmann modeling[M]. Berlin：Springer Heidelberg，2006.

[5] 何雅玲，李庆，王勇，等. 格子 Boltzmann 方法的理论及应用[M]. 北京：科学出版社，2023.

[6] 郭照立，郑楚光. 格子 Boltzmann 方法的原理及应用[M]. 北京：科学出版社，2009.

[7] PAN C X, LUO L S, MILLER C T. An evaluation of lattice Boltzmann schemes for porous medium flow simulation[J]. Computers and fluids, 2006, 35(8/9): 898-909.

[8] KLINKENBERG L J. The permeability of porous media to liquids and gases, drilling and production practice [J]. American petroleum institute drilling and production-practice, 1941(1): 200-213.

[9] CIVAN F, RAI C S, SONDERGELD C H. Shale-gas permeability and diffusivity inferred by improved formulation of relevant retention and transport mechanisms[J]. Transport in porous media, 2011, 86(3): 925-944.

[10] CHEN S Y, WANG M R, XIA Z H. Multiscale fluid mechanics and modeling[J]. Procedia IUTAM, 2014, 10: 100-114.

[11] CHEN L, ZHANG L, KANG Q J, et al. Nanoscale simulation of shale transport properties using the lattice Boltzmann method: permeability and diffusivity[J]. Scientific reports, 2015, 5: 8089.

[12] CHEN C, HU D D, WESTACOTT D, et al. Nanometer-scale characterization of microscopic pores in shale kerogen by image analysis and pore-scale modeling[J]. Geochemistry, geophysics, geosystems, 2013, 14(10): 4066-4075.

[13] CHEN L, KANG Q J, PAWAR R, et al. Pore-scale prediction of transport properties in reconstructed nanostructures of organic matter in shales[J]. Fuel, 2015, 158: 650-658.

[14] WANG J J, CHEN L, KANG Q J, et al. The lattice Boltzmann method for isothermal micro-gaseous flow and its application in shale gas flow: a review[J]. International journal of heat and mass transfer, 2016, 95: 94-108.

[15] GAO J F, XING H L, TIAN Z W, et al. Lattice Boltzmann modeling and evaluation of fluid flow in heterogeneous porous media involving multiple matrix constituents[J]. Computers and geosciences, 2014, 62: 198-207.

[16] CHEN L, FANG W Z, KANG Q J, et al. Generalized lattice Boltzmann model for flow through tight porous media with Klinkenberg's effect[J]. Physical review E, 2015, 91(3): 033004.

[17] WANG Z Y, GUO Y Y, WANG M R. Permeability of high-*Kn* real gas flow in shale and production prediction by pore-scale modeling[J]. Journal of natural gas science and engineering, 2016, 28: 328-337.

[18] MICHEL G G, SIGAL R F, CIVAN F, et al. Parametric investigation of shale

gas production considering nano-scale pore size distribution, formation factor, and non-darcy flow mechanisms[C]//SPE Annual Technical Conference and Exhibition. October 30-November 2, 2011. Denver, Colorado, USA. SPE, 2011.

[19] ANSUMALI S, KARLIN I V. Kinetic boundary conditions in the lattice Boltzmann method[J]. Physical review E, 2002, 66(2): 026311.

[20] BESKOK A, KARNIADAKIS G E. Report: a model for flows in channels, pipes, and ducts at micro and nano scales[J]. Microscale thermophysical engineering, 1999, 3(1): 43-77.

[21] 郑江韬, 齐子豪, 刘佳存, 等. 基于卷积神经网络的煤岩微裂隙提取方法[J]. 矿业科学学报, 2022, 7(6): 680-688.

[22] 郑江韬, 王海峰, 蔡长鹏, 等. 开采扰动后裂隙煤岩内气体渗流行为研究[J]. 矿业研究与开发, 2020, 40(11): 101-105.

第 4 章　低渗岩石内部两相运移行为模拟

准确构建低渗岩石三维孔隙结构，采用合理的数值模拟手段为认知低渗岩石内部多相渗流行为内在机理提供了经济有效的途径。对孔隙结构内多相渗流行为模拟的数值计算方法主要有传统计算流体力学（CFD）[1-2]、基于简化的孔隙网络模拟（PNM）[3]、分子动力学（MD）[4]以及格子玻尔兹曼（LBM）方法[5]。其中，传统 CFD 方法在处理复杂几何孔隙结构时需要进行网格细化，同时需对气-液两相交界面进行特殊处理，降低了计算效率。尽管 PNM 方法在计算效率上具有优势，但它对孔隙结构进行了大量简化，仅采用球形、圆柱形、三角形等简单几何形状来代表复杂的孔隙空间，这可能导致计算结果无法准确反映实际情况。MD 方法直接从分子尺度出发研究流体流动行为，无须过多假设，然而，由于需要研究数量庞大的分子运动计算量巨大，因此目前 MD 方法主要应用于尺度较小的简单几何模型的计算中。近年来发展起来的介观 LBM 方法具有许多以上数值方法所没有的优点，包括物理背景清晰、复杂边界处理易实现、多相流模拟时交界面的自动生成、程序简洁、具有天然并行性等。LBM 方法由于可直接应用于复杂孔隙结构内的流动计算，以及在处理两相流方面的优势而被广泛使用[6]。

介观 LBM 方法是一种自下而上的模拟方法，微观粒子背景使其可以在介观尺度上描述流体与流体间、流体与固体壁面间的相互作用，通过对平衡分布函数加以修正来考虑不同相之间的相互作用，在宏观尺度反映界面现象、自动追踪两相界面。当前用于多相流计算的 LBM 程序主要包括染色模型、伪势模型、自由能模型等[5]。其中，染色模型主要用于同密度比两相流计算，较易实现界面张力控制，但是在复杂孔隙结构内接触角设置等方面存在一定困难。自由能模型，最早由 Swift 等[7]提出，该模型通过计算泊松方程来得到两相界面。Inamuro 等[8]对该模型进行了改进，使得采用自由能模型计算大密度比的情况成为可能，但是由于需要计算泊松方程，所以丧失了 LBM 本来的简洁性。伪势模型或称为 Shan-Chen 模型（SC-LBM），最早由单肖文和陈沪东于 1993 年提出[9]，由于其简洁易于实施，无须引入额外的方程来描述两相界面，满足伽利略变换不变性等优点，所以成为当前应用最广泛的多相 LBM 计算模型。SC-LBM 可以分为单组分两相模型和多组分多相模型。多相流动 LBM 方法的详细介绍可以参考文献[5,10]。本书主要介绍基于伪势模型模拟毛管力主导的自发渗吸过程，即润湿相流体在毛管力的作用下自发进入多孔介质，将其中的非润湿相流体驱出的过程[11-12]。

4.1 单组分两相 SC-LBM 简介

单组分 SC-LBM 在计算相互作用时，通过引入不同的状态方程(EOS)可以使程序用于计算密度比超过 1 000 的情况[13]。单组分 SC-LBM 进行两相流模拟时，表面张力、密度比及黏度比通过数值计算获得，但并不独立。Sbragaglia 等[14]指出，在定义相互作用的计算方式时，采用比相邻格点更广范围的格点进行计算，可以对表面张力和密度比进行独立调整，使模拟更符合实际情况。

4.1.1 基本原理

单组分 SC-LBM 模型通过“伪势”来反映流体间的相互作用力大小，包含外力作用项的单松弛格子玻尔兹曼演化方程为[15-16]：

$$f_\alpha(\boldsymbol{x}+\boldsymbol{e}_\alpha\Delta t,t+\Delta t)-f_\alpha(\boldsymbol{x},t)=\frac{\Delta t}{\tau}\left[f_\alpha(\boldsymbol{x},t)-f_\alpha^{eq}(\boldsymbol{x},t)\right]+\boldsymbol{F}\Delta t \tag{4-1}$$

式中 $f_\alpha(\boldsymbol{x},t)$——$\boldsymbol{x}$ 节点在 t 时刻的分布函数；

f_α^{eq}——平衡分布函数；

$\boldsymbol{F}$——外力；

τ——松弛系数。

模型平衡分布函数为：

$$f_\alpha^{eq}(\boldsymbol{x},t)=w_\alpha\rho(\boldsymbol{x},t)\left[1+3\frac{\boldsymbol{e}_\alpha\boldsymbol{u}^{eq}}{c^2}+9\frac{(\boldsymbol{e}_\alpha\boldsymbol{u}^{eq})^2}{2c^2}-3\frac{(\boldsymbol{u}^{eq})^2}{2c^2}\right] \tag{4-2}$$

式中 w_α——各个方向的权重系数，以 D2Q9 模型为例，$w_0=4/9$，$w_{1-4}=1/9$，$w_{5-8}=1/36$；

ρ——流体密度，$\rho=\sum_\alpha f_\alpha$；

c——微团在格子上的迁移速度；

$\boldsymbol{u}^{eq}$——流体宏观速度。

经典 SC-LBM 中采用速度迁移方式来引入粒子间的相互作用力：

$$\boldsymbol{u}^{eq}=\frac{\sum_{\alpha} f_{\alpha}\boldsymbol{e}_{\alpha}}{\rho}+\frac{\tau\boldsymbol{F}}{\rho} \tag{4-3}$$

单组分 SC-LBM 模型通过“伪势”来反映流体间的相互作用，上式中相互作用力包含流体粒子之间的相互作用力及流体-壁面之间的相互作用力，即 $\boldsymbol{F}=\boldsymbol{F}_{\text{int}}+\boldsymbol{F}_{\text{ads}}$，程序中二者可通过下式求得：

$$\boldsymbol{F}_{\text{int}}(\boldsymbol{x},t)=-G\psi(\boldsymbol{x},t)\sum_{\alpha} w_{\alpha}\psi(\boldsymbol{x}+\boldsymbol{e}_{\alpha}\Delta t,t)\boldsymbol{e}_{\alpha} \tag{4-4}$$

$$\boldsymbol{F}_{\text{ads}}(\boldsymbol{x},t)=-G\psi(\boldsymbol{x},t)\sum_{\alpha} w_{\alpha}\psi(\rho_{\text{w}})s(\boldsymbol{x}+\boldsymbol{e}_{\alpha}\Delta t,t)\boldsymbol{e}_{\alpha} \tag{4-5}$$

式中　$\boldsymbol{F}_{\text{int}}(\boldsymbol{x},t)$——$\boldsymbol{x}$ 节点在 t 时刻所受到的其周围流体节点的相互作用力；

$\boldsymbol{F}_{\text{ads}}(\boldsymbol{x},t)$——$\boldsymbol{x}$ 节点在 t 时刻所受到的其周围壁面节点的相互作用力；

G——粒子间作用力系数，当 G 小于特定值时，可实现两相的自动分离；

$s(\boldsymbol{x}+\boldsymbol{e}_{\alpha}\Delta t,t)$——索引函数，当该位置为壁面时其值为 1，其余情况其值为 0；

ρ_{w}——壁面虚拟密度，可以通过改变该值的大小来控制流体和壁面的接触角，当 ρ_{w} 接近液相密度时壁面完全润湿，而当 ρ_{w} 接近气相密度时壁面完全非润湿，前人的研究中通常设定该值为常数；

ψ——伪势函数，Yuan 等[17]指出可以通过引入非理想气体状态方程的方法定义伪势函数，这为研究深部地层高温高压条件下的气-液两相流动规律提供了便利。

当前单组分 SC-LBM 较常用的非理想气体状态方程为 Carnahan-Starling 非理想气体状态方程(C-S EOS)，采用此状态方程定义伪势函数为：

$$p=\rho RT\,\frac{1+(b\rho/4)+(b\rho/4)^2-(b\rho/4)^3}{[1-(b\rho/4)^3]}-a\rho^2 \tag{4-6}$$

$$\psi(\rho)=\sqrt{\frac{2(p-c_{\text{s}}^2\rho)}{G_{\text{c}}\,c_{\text{s}}^2}} \tag{4-7}$$

式中　ρ——密度；

p——压力；

R——理想气体常数；

T——温度；

a、b——常数，分别取值为 1 和 4；

c_{s}——格子声速。

在最初的 SC-LBM 模型中，伪势函数由下式给出[9]：

$$\psi(\rho)=1-\mathrm{e}^{-\rho} \tag{4-8}$$

在上述设定条件下，通过简单模型(不引入固体壁面)内的计算，可以获得模拟所需的气、液共存密度及表面张力。设定所有边界条件为周期边界条件，可得气、液共存密度见表 4-1。

表 4-1　气、液共存密度

G	液相密度	气相密度
−5	1.93	0.16
−5.5	2.31	0.10
−6	2.65	0.07
−6.5	2.97	0.05
−7	3.27	0.04

当 $G=-7$ 时，可得模拟中的表面张力为 0.234。计算结果如图 4-1 所示。由计算结果可以看出，模拟结果与拉普拉斯定律拟合得很好，证明了模拟的准确性。

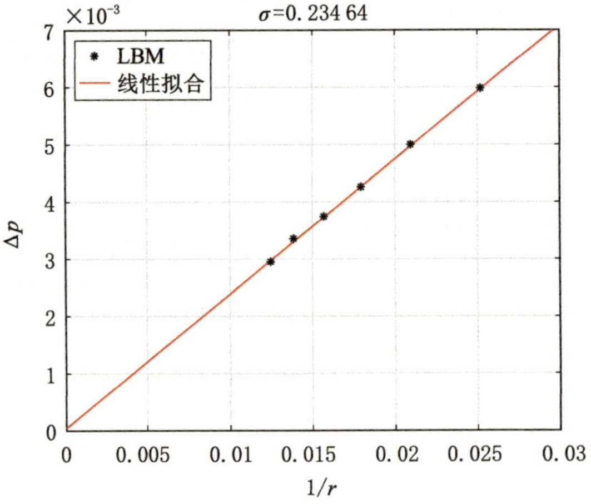

图 4-1　表面张力模拟

4.1.2　流体-壁面相互作用力改进

流体与壁面的相互作用方式及相互作用力大小直接决定了壁面与流体间的接触角，准确定义流体与壁面的相互作用行为对于准确模拟自发渗吸行为至关重要[18-20]。然而采用式(4-6)定义流体壁面的相互作用，且设定 ρ_w 接近液相密度以模拟润湿壁面时，会引起气相-壁面周围流体密度的非物理堆积[21-22]。这会导致所有复杂壁面结构周围被高密度流体填满，同时大大影响自发渗吸行为的准确预测。造成流体密度非物理堆积的直接原因是在气相-壁面及液相-壁面采用了相同的相互作用力强度，导致了气相-壁面较强的相互作用力。针对此问题，采用如下方式来定义壁面的密度：

$$\rho_w = \beta \bar{\rho}_f \tag{4-9}$$

式中　$\bar{\rho}_f$——壁面节点周围流体密度的平均值；

β——强度系数。

当$\bar{\rho}_f \geqslant 2\rho_g$，$\beta$ 为设定值，$\bar{\rho}_f < 2\rho_g$ 时，$\beta=1$，即仅调整壁面与液体间的相互作用力强度而不调节壁面和气体的相互作用力强度。通过此种方式可以抑制壁面周围流体密度的非物理堆积，同时可以通过改变 β 的大小来实现壁面润湿性。采用此种方式定量计算了不同 β 条件下的接触角，模拟结果如图 4-2 所示。由计算结果可以看出，采用新的定义方式可以获得更大范围的接触角，同时壁面周围流体密度堆积现象得到消除。

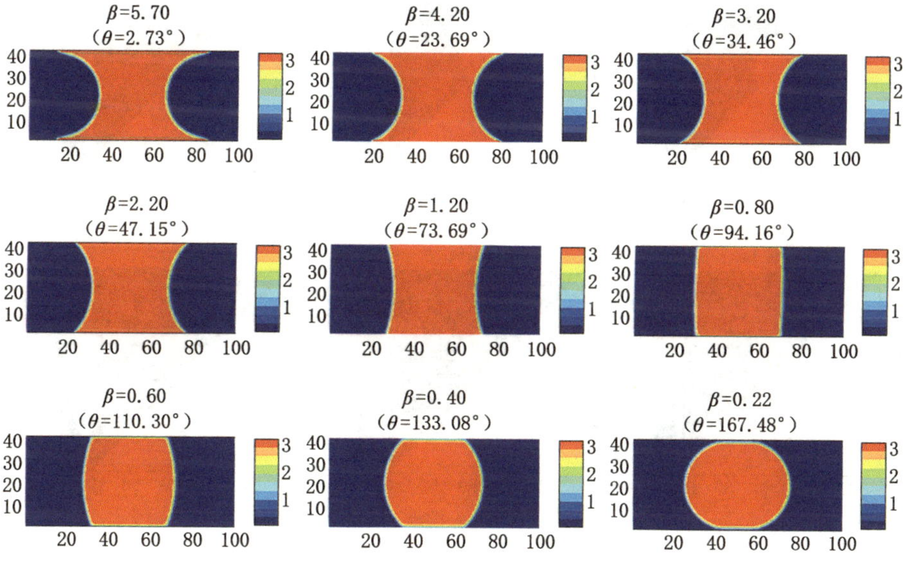

图 4-2　直通道内接触角计算

此外，构建了台阶状粗糙壁面模型，采用提出的改进模型模拟了粗糙壁面上的接触角，如图 4-3 所示。与直通道模拟结果类似，采用改进的模型可以获得更大范围的接触角，且并未出现壁面密度堆积现象。但值得指出的是，对于相同的 β 值，直通道光滑壁面和台阶状粗糙壁面上得到的接触角并不相同。当 $\beta=2.2$ 时，直通道光滑壁面和台阶状粗糙壁面上得到的接触角分别为 47.15°和 6.03°。根据粗糙度定义，计算中粗糙壁面的粗糙度为$\sqrt{2}$。根据 Wenzel 状态接触角与粗糙度的关系[23]，上述所测接触角基本符合 Wenzel 公式 $\cos 6.03 \approx \sqrt{2}\cos 47.15°$。

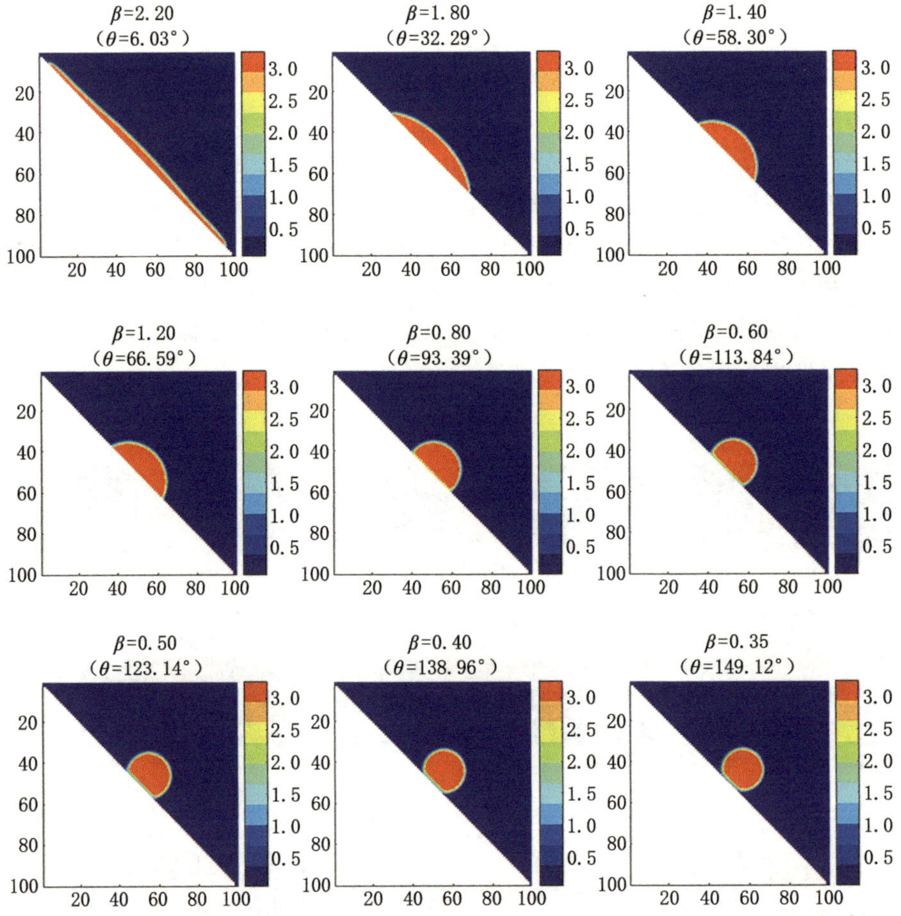

图 4-3　粗糙壁面接触角计算

4.1.3　程序准确性验证

采用提出的程序模拟毛细上升，两相流过程中，毛管力为驱动力，黏滞力为阻碍力，此为最简单的自发渗吸过程。在经过初始界面动态演化后，两相运移为准静态过程，可以采用动量守恒来描述。以二维直通道内的毛细上升为例：

$$0 \cong \frac{2\sigma\cos\theta}{H} - \frac{12\left(\frac{\mathrm{d}l}{\mathrm{d}t}\right)}{H^2}[\mu_{\mathrm{nw}}(L-l)+\mu_{\mathrm{w}}l] \tag{4-10}$$

式中　σ——两相界面的表面张力；

θ——接触角；

H、L——直通道的宽度和长度；

μ_{nw}、μ_{w}——非润湿相和润湿相的黏度；

l——两相界面在 t 时刻的位置。

式(4-10)右端第一项为毛管力，第二项为黏滞力。化简上述方程可得：

$$\frac{\mathrm{d}l}{\mathrm{d}t} = \frac{H\sigma\cos\theta}{6[\mu_{\mathrm{nw}}(L-l)+\mu_{\mathrm{w}}l]} \tag{4-11}$$

如果忽略非润湿相的黏度，即令 $\mu_{\mathrm{nw}}=0$，求解上式可得：

$$l = \sqrt{\frac{H\sigma\cos\theta}{3\mu_{\mathrm{w}}}t + l_0} \tag{4-12}$$

该式即为二维直通道的经典 LW 公式。

为不失一般情况，令 $6(\mu_{\mathrm{w}}-\mu_{\mathrm{nw}})=A$，$6\mu_{\mathrm{nw}}L=B$，$H\sigma\cos\theta=C$，可解得：

$$\frac{1}{2}Al^2 + Bl - Ct = 0 \tag{4-13}$$

上式为一般情况，即润湿相和非润湿相黏滞力共同作用下的界面运移。

采用改进的单组分 SC-LBM 进行了直通道内的自发渗吸过程模拟。模拟中考虑了不同的接触角情况，所采用的模型如图 4-4 所示，图中黑色实线部分为直通道壁面，壁面亲水，壁面处采用反弹边界条件，其余部分采用周期边界条件。整个模型初始条件时左侧为液体、右侧为气体，在毛管力的作用下，液相流体形成半月板形状并自发渗吸进入直通道内。计算结果与 LW 对比如图 4-5 所示。从对比图中可以看出，当前程序可以准确模拟直通道内不同接触角的自发渗吸行为。

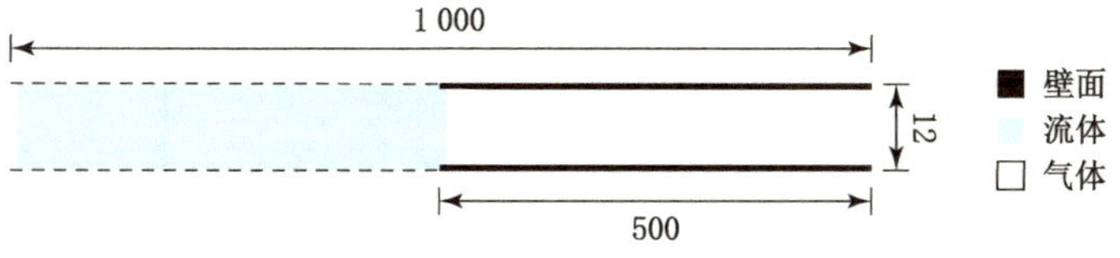

图 4-4　直通道内的自发渗吸模型

同时进行了迂曲通道内的自发渗吸行为模拟，该通道形状为正弦曲线，通道宽度为 10 个格子点，模型尺寸为 400×100，如图 4-6(a)所示，计算所用参数与直通道模拟中保持一致。模拟结果和解析解的对比如图 4-6(b)所示，二者吻合良好，说明了提出的程序可以准确模拟迂曲通道内的自发渗吸过程。

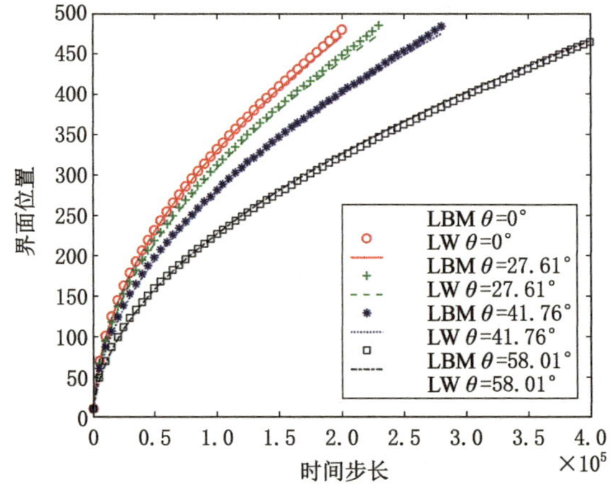

图 4-5　直通道内自发渗吸验证

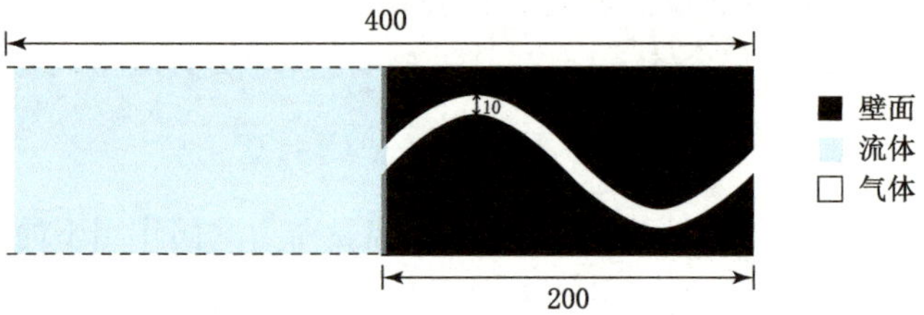

（a）几何模型

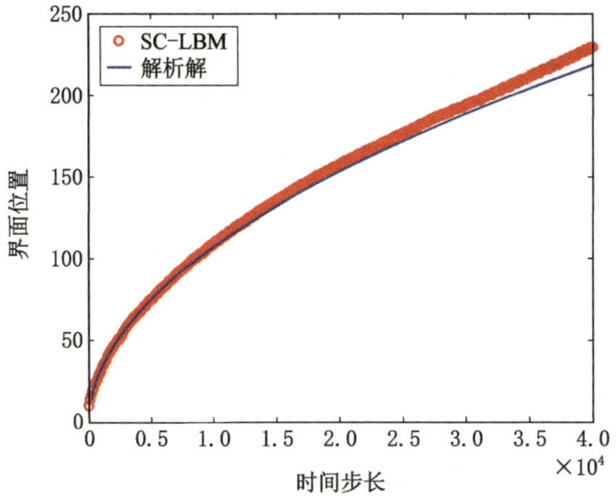

（b）自发渗吸界面运移与解析解对比

图 4-6　正弦曲线内的自发渗吸过程模拟

Reyssat 等[24]推导了变横截面通道内的自发渗吸过程，指出受渐变横截面尺寸的影响，两相界面运移不再遵循经典 LW 公式，界面运移与时间的关系中幂指数不再为 0.5，而与变横截面通道的几何形状有关，其中锥形通道的自发渗吸幂指数由 0.5 渐变为 1/3。采用提出的程序模拟了锥形通道内的自发渗吸行为，模型尺寸为 400×50，如图 4-7(a)所示，计算所用参数与直通道模拟中保持一致。模拟结果和解析解的对比如图 4-7(b)所示，随着自发渗吸界面运移，幂指数由 0.5 渐变为 1/3。

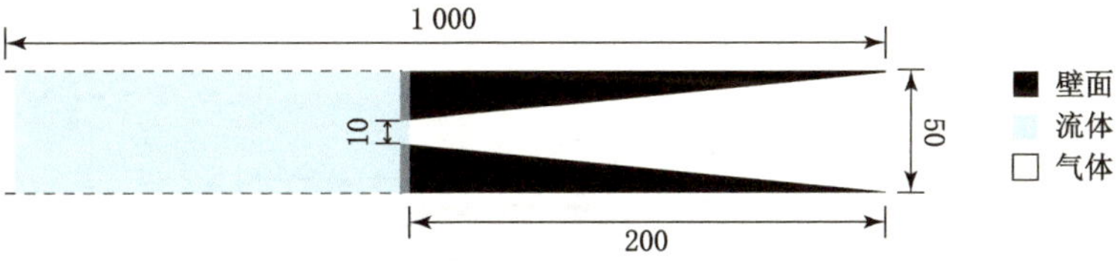

(a) 几何模型

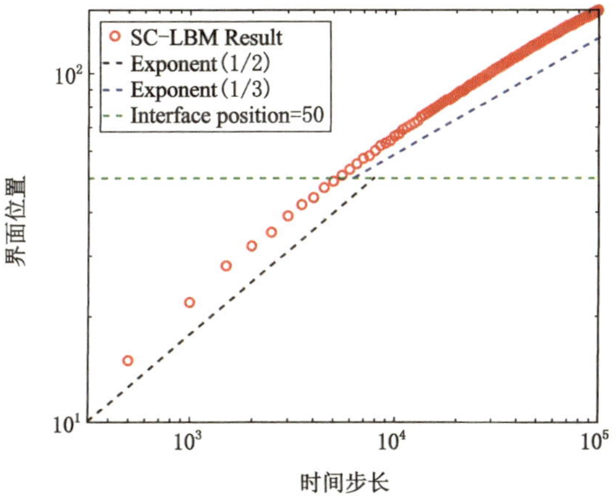

(b) 自发渗吸界面运移与解析解对比

图 4-7　锥形通道内的自发渗吸过程模拟

4.2　分叉状通道内自发渗吸行为研究

采用提出的方法首先研究了多孔介质模型分叉状基本单元内的自发渗吸行为。模型生成过程如图 4-8 所示。首先生成分叉状通道的骨架，如图 4-8(a)所示；其次在骨架上每个像素点用不同大小的圆盘赋予出入口及大小分叉状通道的大小，如图 4-8(b)、(c)所示。模拟中边界条件及初始条件设置如图 4-9 所示。

(a)　　(b)　　(c)

图 4-8　模型生成过程

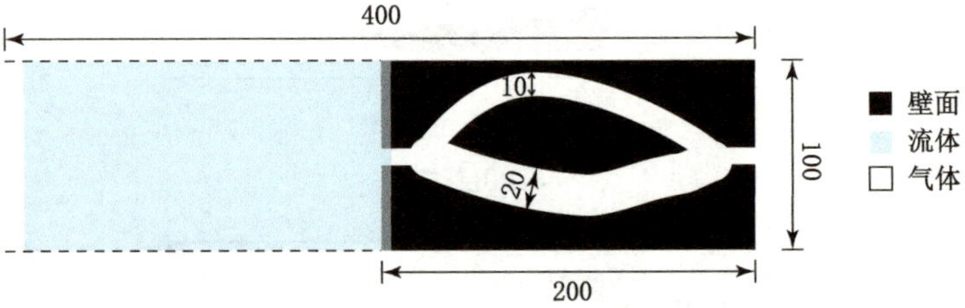

图 4-9　模拟中边界条件及初始条件设置

研究发现，两相界面在大小通道内的自发渗吸前进规律与单通道情形截然不同。出入口通道宽度对两相界面到达分支点一分为二后的非稳定前进行为有决定性影响，当出入口宽度较小时，非稳定自发渗吸行为更加显著，导致分支小通道内的两相界面更先到达汇合点，如图 4-10、图 4-11 所示。

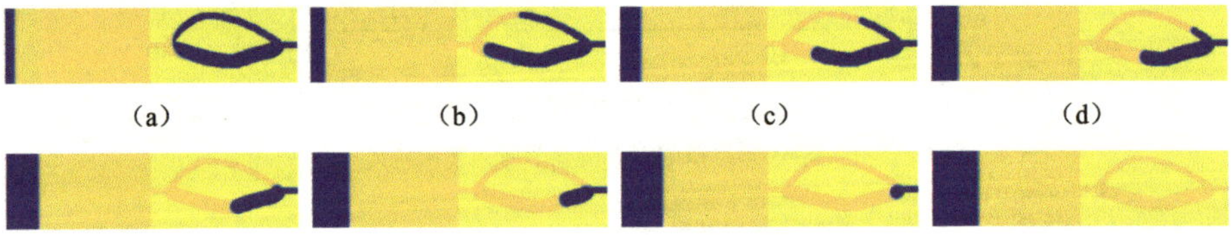

(a)　　(b)　　(c)　　(d)

(e)　　(f)　　(g)　　(h)

图 4-10　模型 A 中渗吸过程的截图

通过建立分叉状通道基本单元，作为研究复杂孔隙结构内自发渗吸行为的基础，如图 4-12 所示。采用验证的 SC-LBM 研究流体在该通道内的自发渗吸行为，模拟中均采用格子单位。分布在右侧的分叉状通道总长为 300，其中出入口的长度各为 40，出入口宽度为 H，连接处的长度都为 10，出入口距离上边界的

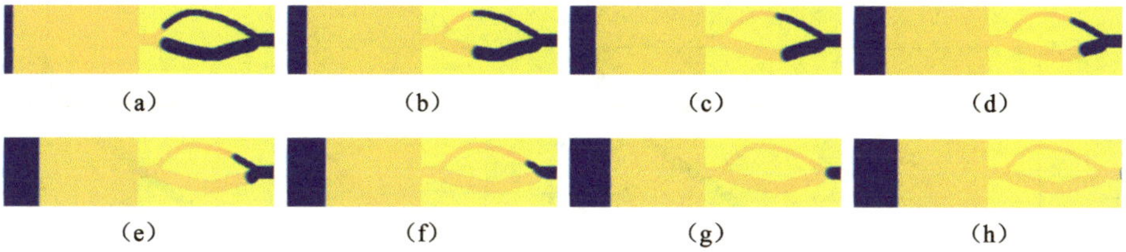

图 4-11　模型 B 中渗吸过程的截图

距离为 B。自发渗吸液穿过入口通道后进入连接处，之后进入长度为 200、宽度分别为 10 和 20 的两个通道，最后经过第二个连接处进入出口通道。随后分别研究了出入口位置(B)及宽度(H)对流体后续在大小分叉状通道内运移的影响。

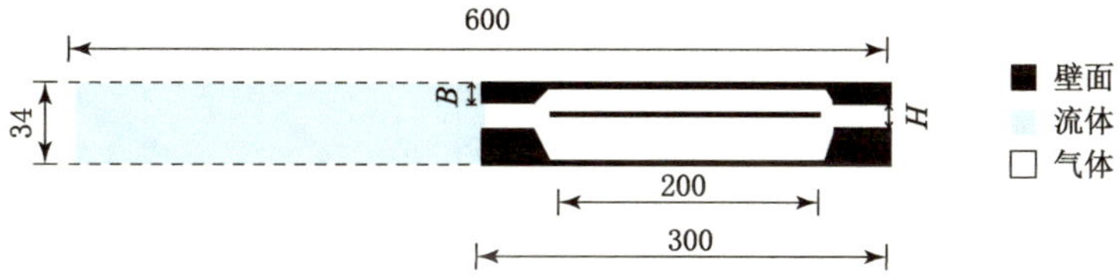

图 4-12　分叉状通道示意图

4.2.1　出入口位置对分叉状通道内自发渗吸行为的影响

通过建立出入口通道宽度为 10，距离上边界分别为 2、7、12、17、22 的 5 组模型，分析出入口位置对后续液面在大小通道内运移的影响。采用 SC-LBM 模拟了两相流体在这些分叉状通道内的自发渗吸行为。模拟过程中追踪了两相界面的位置，图 4-13 给出了两相界面行进在入口、大小分叉状通道及出口位置随时间的关系。

由图 4-13 可以看出，所有 5 组模型中当液面穿过入口通道及入口连接处后，两相交界面发生了破裂，一分为二。之后小通道内的液面快速行进，最先到达出口连接处，并等待大通道内的液面行进；两相交界面发生破裂后，大通道内的液面发生短暂停滞，大通道内的液面更晚到达出口连接处。当大小通道内的液面都到达出口连接处后，两相交界面汇合，合二为一经过出口通道。

同时对比图 4-13(a)～(e)可以看出，出入口位置对液面在大小通道内的运移有较大影响。随着出入口与上边界的距离 B 的增大，出入口离小通道距离越

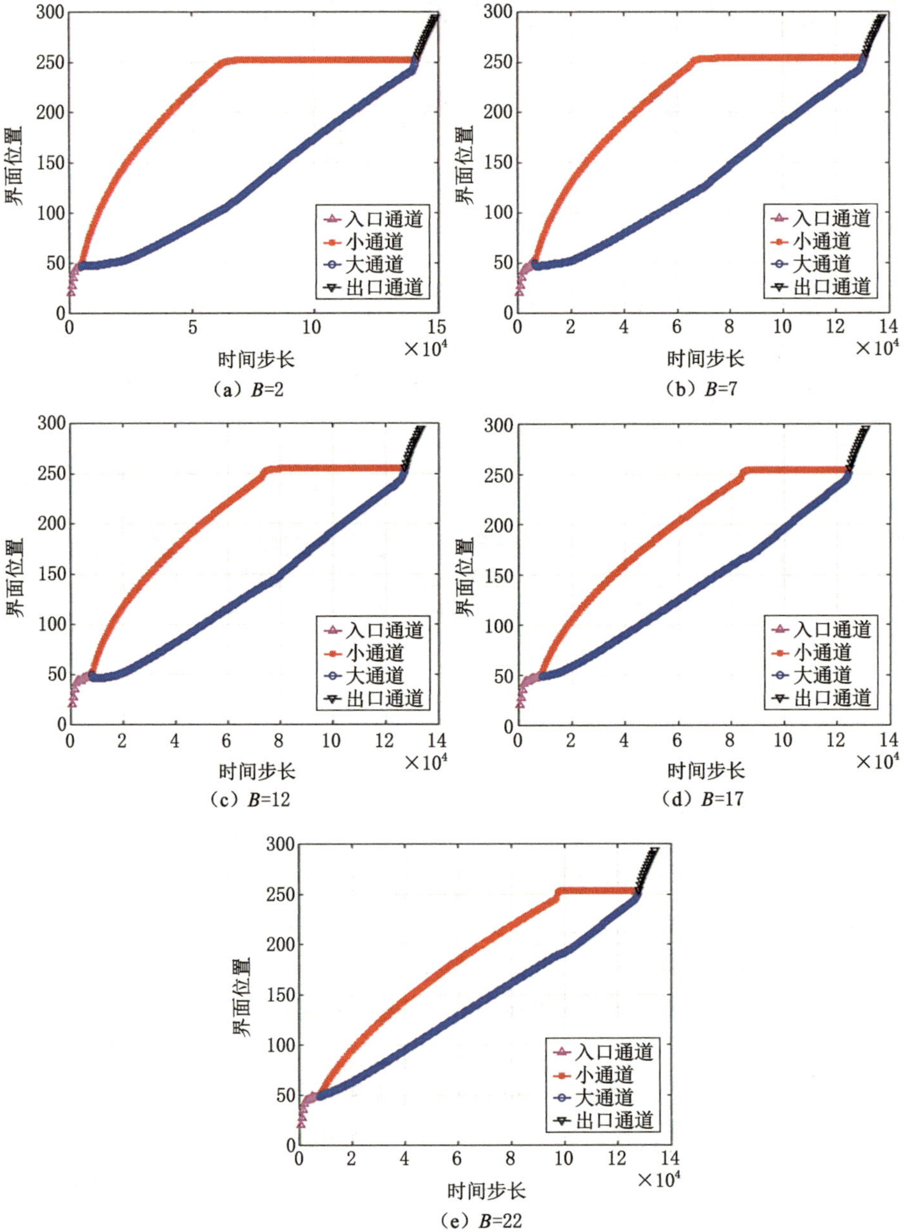

(a) B=2

(b) B=7

(c) B=12

(d) B=17

(e) B=22

图 4-13　出入口位置对分叉状通道内自发渗吸行为的影响

来越远。出入口越远离小通道,则液面在小通道内到达右侧连接处的时间越长。其原因为从整体来看出入口远离小通道后,流动路径更长,相对阻力更大。

图 4-14 显示了 5 组模型中液面到达最右侧时所用的时间,可以看出出入口位置对整体自发渗吸到达模型最右侧的时间影响不大,平均用时 140 700,标准差为 7 260。

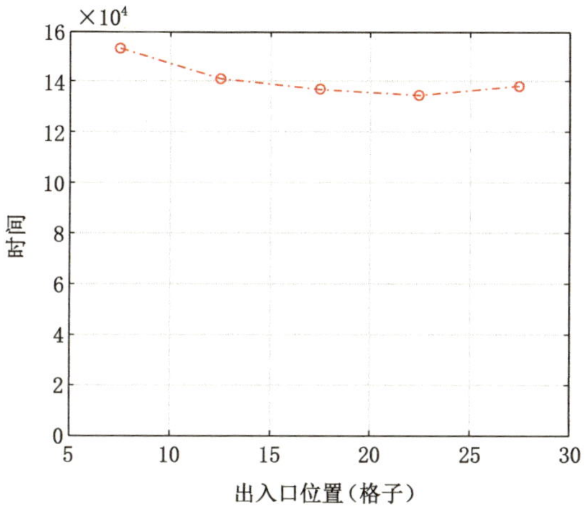

图 4-14　出入口位置对自发渗吸液面到达最右侧的影响

4.2.2　出入口宽度对分叉状通道内自发渗吸行为的影响

通过建立出入口通道宽度分别为 10、15、20、25、30 的 5 组模型,出入口位置都居中,分析出入口宽度对后续液面在大小通道内运移的影响。同样模拟了两相流体在分叉状通道内的自发渗吸行为。模拟过程中追踪了两相界面的位置,图 4-15 给出了两相界面行进在入口、大小分叉状通道及出口位置随时间的关系。

由图 4-15 可以看出,与前一组模拟类似,当液面穿过入口通道及入口连接处后,两相交界面发生了破裂,一分为二,大通道内液面发生短暂停滞。产生显著对比的是随着出入口通道宽度的增大,大通道内的液面停滞时间越来越短,且当出入口大于等于 20 后[图 4-15(c)～(e)],大通道内的液面速度会逐渐大于小通道内的速度,且大通道内的液面更先到达出口连接处,并等待小通道内液面的行进。同样,当大小通道内的液面都到达出口连接处时,两相交界面汇合,合二为一经过出口通道。

图 4-16 显示了 5 组模型中液面到达最右侧时所用的时间。可以看出,出入口宽度对整体自发渗吸到达模型最右侧的时间影响很大。随着出入口宽度的增

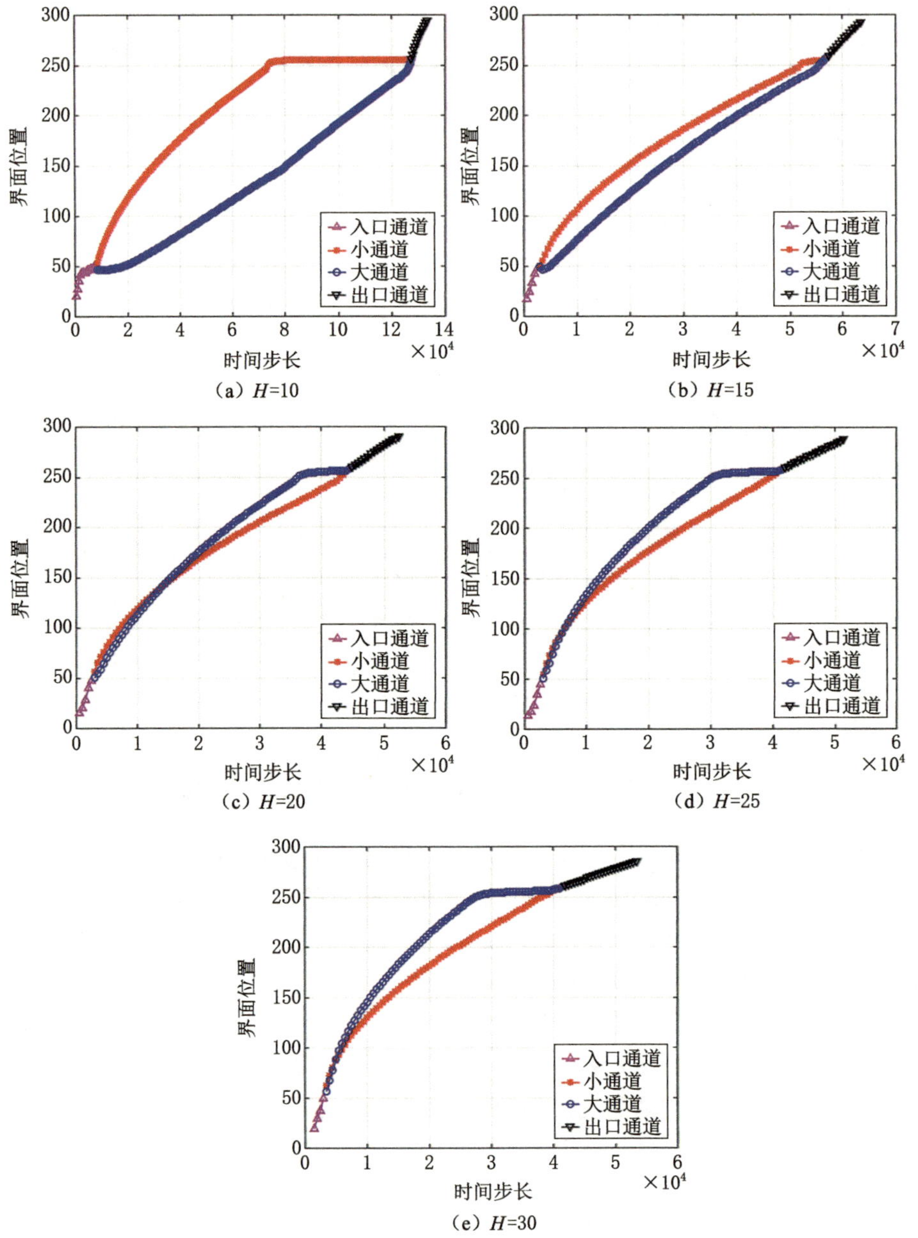

(a) H=10　(b) H=15　(c) H=20　(d) H=25　(e) H=30

图 4-15　出入口宽度对分叉状通道内自发渗吸的影响

大，液面通过整个模型所需的时间快速下降，逐渐稳定在 60 000 左右。这是由于从整体来看，随着出入口宽度的增大，出入口对模型整体的阻力贡献逐渐减小，两相流体通过模型的阻力将主要由大小通道来决定，模型整体自发渗吸行为区域相似。

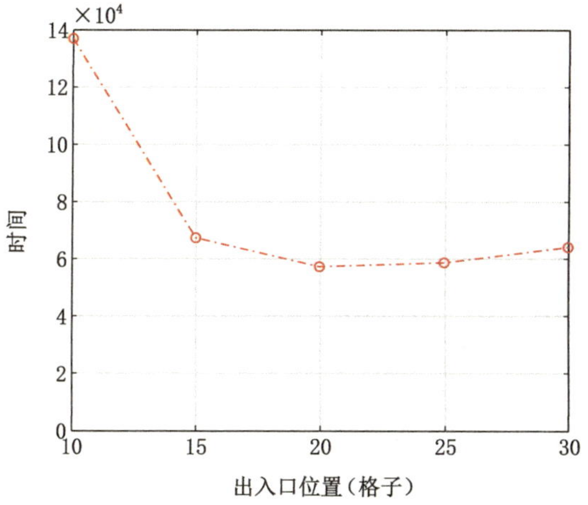

图 4-16　出入口宽度对自发渗吸液面到达最右侧的影响

综上，本部分建立了复杂孔隙结构基本单元——分叉状通道模型，采用改进的 SC-LBM 分别研究了出入口位置及出入口宽度对模型内自发渗吸行为的影响。由模拟结果可以看出，出入口的位置对后续两相界面在大小通道的运移有一定的影响，随着出入口远离小通道，小通道内的两相交界面到达出口连接处需要花费更多时间，出入口的位置对整体自发渗吸行为影响不大，出入口通道的宽度对分叉状通道内整体自发渗吸行为有较大影响。随着出入口宽度的增大，两相交界面通过整个模型所需的时间快速下降。本部分研究对分叉状通道内的自发渗吸行为进行了定量化研究，为后续复杂孔隙结构内的自发渗吸行为研究及相关应用提供了基础。

4.3　低渗岩石复杂孔隙结构内的气-液两相自发渗吸行为

4.3.1　复杂孔隙结构模型构建

基于 FIB-SEM 图像获取了页岩内部的复杂孔隙结构。通过对页岩孔隙结构图像进行分析，对有机质孔及无机质孔加以区分，分析了孔隙壁面润湿性信息。图 4-17(a)给出了其中一张包含有机质、无机质颗粒、粒间孔、无机质孔等典型特征的 SEM 切片图。采用 MATLAB 自编程序进行图像处理，对图中孔隙结构的几何统计信息进行分析，得到有机质孔、颗粒间的粒间孔以及无机质内孔隙结构，如图 4-17(b)所示。分析不同类型孔隙的结构特征，得到孔隙的体积、面积、比表面积、连通性等特征参数。根据这些统计参数分别提取图中的亲水孔隙和疏水孔隙。其中，亲水孔隙包括粒间孔、微裂纹及无机质孔，如图 4-17(c)所示。疏水物质为有机质物，如图 4-17(d)所示。

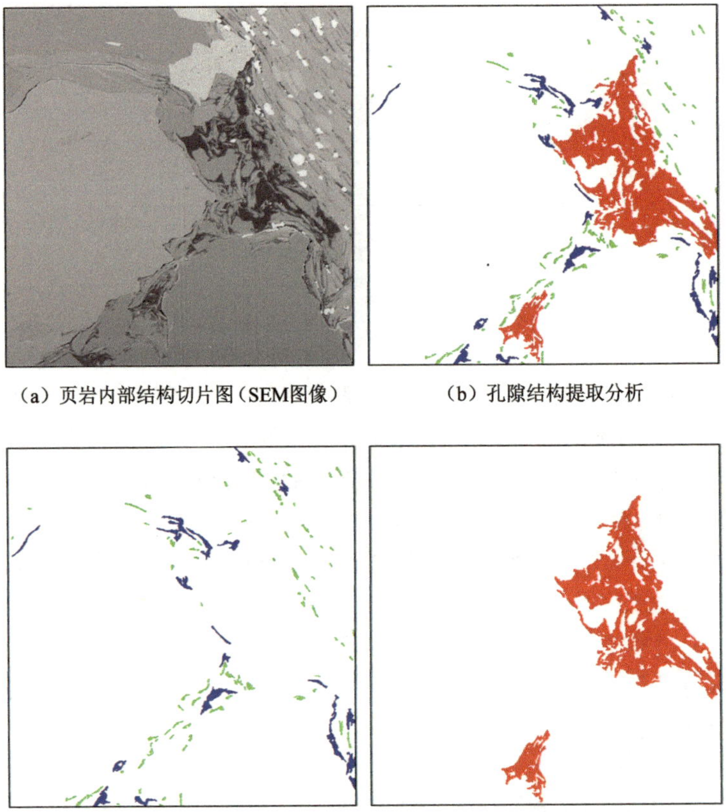

(a) 页岩内部结构切片图(SEM图像)　(b) 孔隙结构提取分析

(c) 亲水孔隙示意图　(d) 疏水孔隙结构提取分析

蓝色代表粒间孔及微裂纹；绿色代表无机质孔、疏水孔隙结构提取；红色代表有机质。

图 4-17　页岩内部结构切片图(SEM 图像)、孔隙结构提取分析、亲水孔隙示意图

基于上述孔隙结构信息，采用计算机重构算法构建了包含不同润湿性的复杂孔隙结构模型。重构模型由三种孔隙结构组成：粒间孔、微裂纹及有机质孔。其中，粒间孔和微裂纹为润湿相亲水孔，有机质孔为非润湿相疏水孔。图 4-18 展示了通过计算机重构获得的包含粒间孔、微裂纹及有机质孔的页岩孔隙结构模型。模型尺寸为 $x=50$ voxel，$y=80$ voxel，$z=80$ voxel。模型的生成分为三个步骤：首先采用球堆积的方式生成粒间孔，其次在模型中随机放入球形有机质孔并记录有机质孔壁面的位置，最后在模型中随机放入两条微裂纹。其中，生成有机质孔采用球堆积半径为 4 voxel，有机质孔球半径为 5 voxel，微裂纹的开度为 20 voxel。模型生成后剔除了其中的孤立孔隙。值得注意的是，当前模型研究页岩中孔隙集中发育的部分，针对此复杂孔隙结构内的两相自发渗吸研究可以直观地展示压裂液在孔隙结构内的运移规律，为实际工程开发提供相关理论基础。

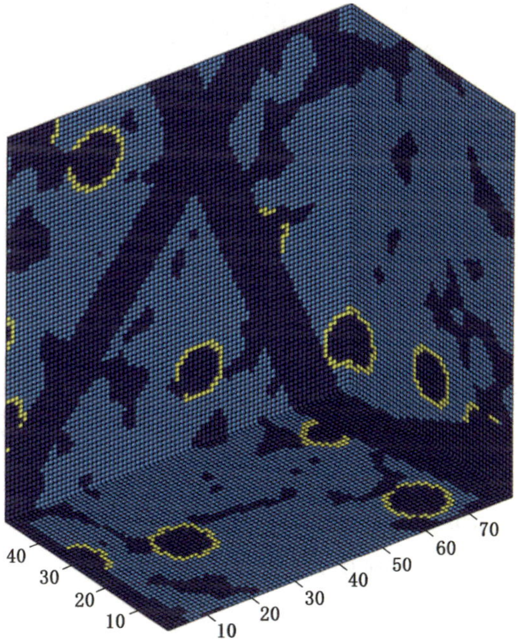

浅蓝色代表岩石基质；深蓝色代表孔隙；黄色部分为有机质孔疏水壁面，其余孔隙结构为亲水孔。

图 4-18　页岩内部孔隙结构重构

采用 SC-LBM 进行的自发渗吸模拟中采用 $\rho_w=\beta\bar{\rho}_f$ 定义孔隙壁面虚拟密度，并采用不同的 β 值来赋予不同孔隙不同的润湿性。基于 FIB-SEM 图像获取了页岩内部的复杂孔隙结构。定义润湿性孔隙内接触角 $\theta_0=6.71°$，有机质孔接触角 $\theta_1=140.16°$。

模拟中采用的模型如图 4-19 所示。其中，孔隙结构模型如图中右侧部分所示，包含粒间孔（不规则孔隙）、有机质孔（褐色球状孔隙）及微裂纹（片状）。模型左侧部分代表水力压裂裂缝（宏观裂纹），其中白色部分表示气体、蓝色部分代表裂缝内的压裂液。计算开始后压裂液在毛管力的作用下自发渗吸进入孔隙结构内。

为了进行定量对比分析，分别模拟了模型是否包含微裂纹及初始裂缝内压裂液的体积对后续自发渗吸行为的影响。

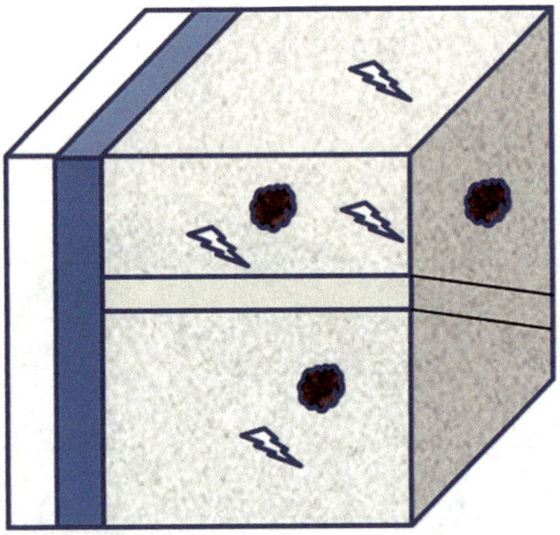

图 4-19 SC-LBM 计算模型

4.3.2 页岩复杂孔隙结构内的自发渗吸行为模拟

本小节分析了页岩三维混合润湿性孔隙结构内的自发渗吸行为。众所周知，页岩气的开采离不开水平钻井和水力压裂技术。压裂后，由于页岩内部孔隙尺寸极小，压裂液受孔隙毛细作用强烈。在毛管力作用下压裂液进入孔隙结构的自发渗吸过程成为其中的一个主导过程，导致压裂液大量滞存于储层中，难以返排；同时孔隙空间内的自发渗吸过程与页岩气的产出紧密相关。基于 FIB-SEM 获得了页岩典型孔隙及微裂纹结构特征，并采用 SC-LBM 方法模拟了压裂液在页岩复杂孔隙结构空间内的自发渗吸行为。在毛管力的作用下压裂液首先进入微裂纹、大孔，其次进入连通的小孔隙，如图 4-20 所示。微裂纹的存在极大程度上促进了自发渗吸的进行，随着自发渗吸的进行，部分大通道重新贯通，渗透率恢复，因而对产量影响不大，如图 4-21 所示。

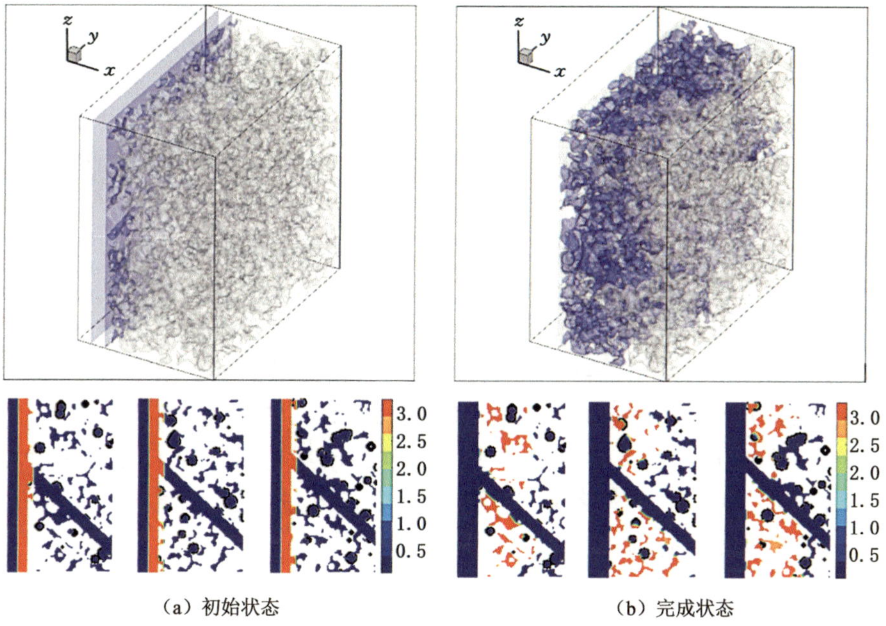

图 4-20　页岩复杂孔隙结构内的自发渗吸行为

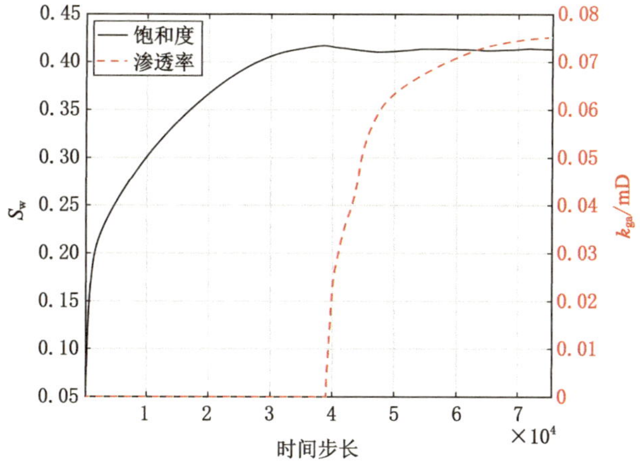

图 4-21　孔隙结构内压裂液饱和度及渗透率随自发渗吸时间的变化[25]

4.4 多组分多相模拟

由于地下非常规油气储层内部孔隙结构尺度很小，毛管力这种表面力成为流体运移的一个主控力，在毛管力作用下润湿相流体进入孔隙结构的自发渗吸成为其中的一个主导过程，孔隙空间内的自发渗吸过程与煤层气、致密油气的产出紧密相关，准确认知储层条件下三维孔隙空间内的自发渗吸行为对于非常规油气资源开发至关重要。毛管力主导下，储层岩石复杂孔隙结构内自发渗吸过程涉及两相界面的破裂与汇合等强非稳态过程，导致经典理论及常规数值算法不再适用。针对此问题，我们采用改进的伪势格子玻尔兹曼方法(SC-LBM)以更准确地描述孔隙结构内的自发渗吸行为，模型中改进了流体与壁面的相互作用，提高了复杂孔隙结构内自发渗吸行为模拟的准确性。采用微米 CT 获得了致密储层三维复杂孔隙结构，并模拟了压裂液在此孔隙结构内的自发渗吸行为。

4.4.1 多组分 SC-LBM 简介

研究采用的双组分格子玻尔兹曼演化方程为：

$$f_\alpha^k(\boldsymbol{x}+\boldsymbol{e}_\alpha\Delta t, t+\Delta t)-f_\alpha^k(\boldsymbol{x},t)=\Omega_{\text{coll}}^k+\Omega_{\text{forces}}^k \tag{4-14}$$

式中 $f_\alpha^k(\boldsymbol{x},t)$——$\boldsymbol{x}$ 节点在 t 时刻组分 k 的分布函数；

Ω_{coll}^k——粒子碰撞导致的动量变化；

Ω_{forces}^k——由于粒子间的其他相互作用力导致的动量变化。

其中，Ω_{coll}^k 可以通过下式计算：

$$\Omega_{\text{coll}}^k=\boldsymbol{M}^{-1}\Lambda\boldsymbol{M}\left[f_\alpha^{eq,k}(\boldsymbol{x},t)-f_\alpha^k(\boldsymbol{x},t)\right] \tag{4-15}$$

式中 $f_\alpha^{eq,k}$——平衡分布函数；

$\boldsymbol{M}$——转换矩阵；

Λ——松弛系数。

平衡分布函数 $f_\alpha^{eq,k}$ 可由下式给出：

$$f_\alpha^{eq,k}(\boldsymbol{x},t)=w_\alpha\rho^k(\boldsymbol{x},t)\left[1+3\frac{\boldsymbol{e}_\alpha\boldsymbol{u}^{eq}}{c^2}+9\frac{(\boldsymbol{e}_\alpha\boldsymbol{u}^{eq})^2}{2c^2}-3\frac{(\boldsymbol{u}^{eq})^2}{2c^2}\right] \tag{4-16}$$

式中 ω_α——各个方向的权重系数，$w_0=4/9, w_{1-4}=1/9, w_{5-8}=1/36$；

ρ^k——流体密度，$\rho^k=\sum_\alpha f_\alpha^k$；

c——粒子微团在格子上的迁移速度；

$\boldsymbol{u}^{eq}$——有效速度。

计算中采用$\Omega_{\text{forces}}^{k}$来引入粒子间的相互作用力：

$$\Omega_{\text{forces}}^{k} = \frac{\Delta t}{2}\left[f_{\alpha}^{F,k}(\boldsymbol{x} + \boldsymbol{e}_{\alpha}\Delta t, t + \Delta t) - f_{\alpha}^{F,k}(\boldsymbol{x}, t) \right] \tag{4-17}$$

其中，$f_{\alpha}^{F,k}$定义为：

$$f_{\alpha}^{F,k} = \frac{3\boldsymbol{F}^{k} \cdot (\boldsymbol{e}_{i} - \boldsymbol{u}^{eq})}{\rho^{k} c^{2}} f_{i}^{eq,k} \tag{4-18}$$

上式中相互作用力包含流体粒子之间的相互作用力及流体-壁面之间的相互作用力，即 $\boldsymbol{F}^{k} = \boldsymbol{F}_{\text{int}}^{k} + \boldsymbol{F}_{\text{ads}}^{k}$，程序中二者可通过下式求得：

$$\boldsymbol{F}_{\text{int}}^{k}(\boldsymbol{x}, t) = -G\rho^{k}(\boldsymbol{x}, t) \sum_{\alpha} w_{\alpha} \rho^{\bar{k}}(\boldsymbol{x} + \boldsymbol{e}_{\alpha}\Delta t, t) \boldsymbol{e}_{\alpha} \tag{4-19}$$

$$\boldsymbol{F}_{\text{ads}}^{k}(\boldsymbol{x}, t) = -G\rho^{k}(\boldsymbol{x}, t) \sum_{\alpha} w_{\alpha} \rho^{w} s(\boldsymbol{x} + \boldsymbol{e}_{\alpha}\Delta t, t) \boldsymbol{e}_{\alpha} \tag{4-20}$$

式中　$\boldsymbol{F}_{\text{int}}^{k}(\boldsymbol{x}, t)$——$\boldsymbol{x}$ 节点在 t 时刻组分 k 所受到的其周围流体节点的相互作用力；

$\boldsymbol{F}_{\text{ads}}^{k}(\boldsymbol{x}, t)$——$\boldsymbol{x}$ 节点在 t 时刻组分 k 所受到的其周围壁面节点的相互作用力；

G——两组分粒子间作用力系数，当 G 大于特定值时，可实现两组分的自动分离，通过设定不同的 G 值可以调整两组分间表面张力的大小；

$s(\boldsymbol{x} + \boldsymbol{e}_{\alpha}\Delta t, t)$——索引函数，当该位置为壁面时其值为 1，其余情况其值为 0；

ρ^{w}——壁面虚拟密度，可以通过改变该值的大小来控制流体和壁面的接触角。

传统壁面密度定义方式会导致壁面附近润湿相流体密度的堆积，其直接原因是在整个计算域内流体-壁面之间采用了相同的相互作用力强度[26]。针对此问题，采用动态壁面虚拟密度，根据自发渗吸两组分实时位置来定义壁面虚拟密度，其中组分 k 附近的壁面虚拟密度采用组分 k 的密度来定义，组分 $\bar{k}$ 附近的壁面虚拟密度人为定义为 β。通过控制 β 的大小来改变接触角的大小，该方法可以抑制壁面周围流体密度的非物理堆积。

4.4.2　分叉状通道内液-液自发渗吸行为模拟

采用提出的方法研究了多孔介质模型分叉状基本单元内自发渗吸行为。所采用的模型示意图如图 4-22 所示。研究发现，两相界面在大小通道内的自发渗吸前进规律与单通道情形截然不同。

通过改变模型几何参数定量分析了分叉状通道出入口宽度对两相界面自发渗吸行为的影响，如图 4-23 所示。

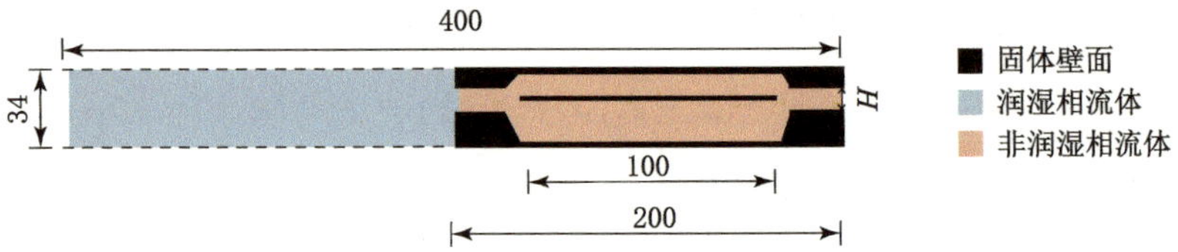

图 4-22　分叉状基本单元模型

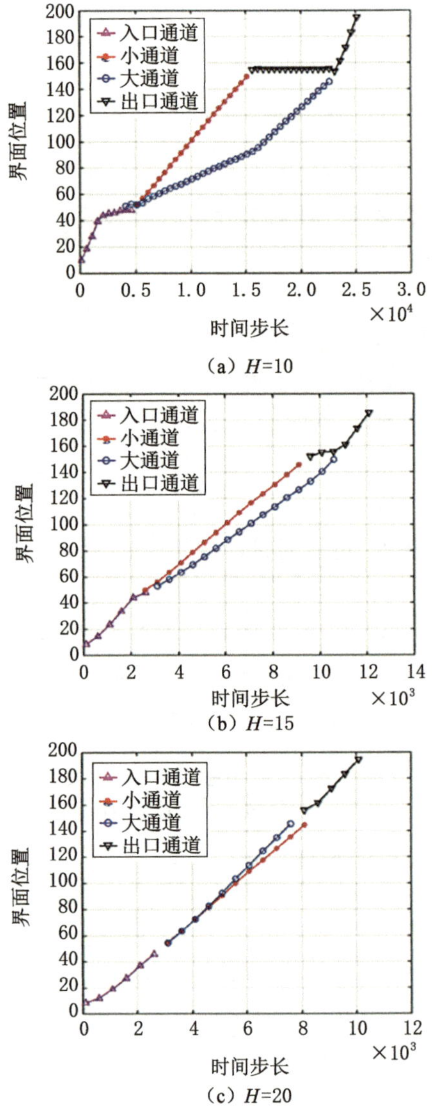

图 4-23　出入口宽度对分叉状通道内自发渗吸过程中两相界面运移的影响

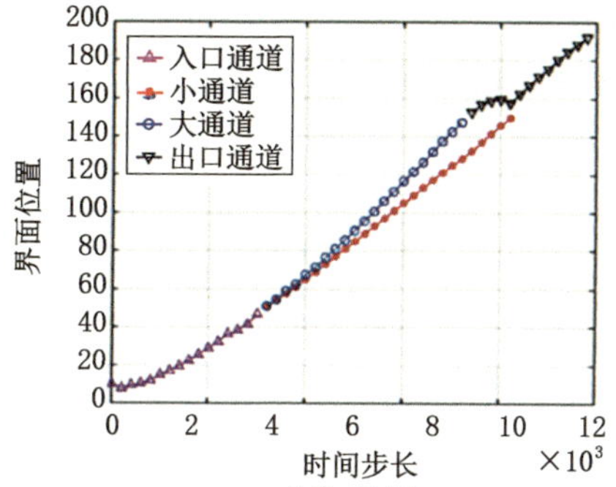

(d) H=25

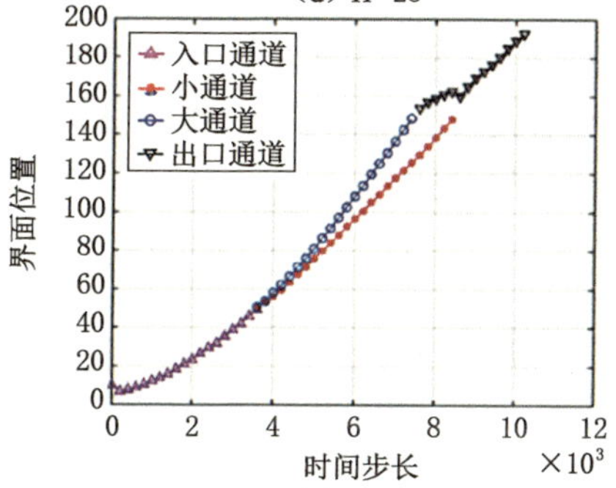

(e) H=30

图 4-23 （续）

当入口通道宽度较小时(H＝10 和 H＝15)，两相界面到达分支点，一分为二，所引起的非稳定行为占据了主导地位，两相界面在小通道内更先到达汇合点，与单通道表现出相反的规律。这是因为两相界面一分为二后，驱动力毛管力突增，小通道内的毛管力约是大通道内的 2 倍，这导致了两相界面破裂后的非稳定运移行为。由于小通道内的毛管力更大，导致此时润湿相流体主要进入小通道，且在大通道内发生短暂停滞。此外，两相界面一分为二后，总的阻力由大小通道内的阻力和入口通道的阻力共同组成，入口通道宽度较小，该阻力使得润湿相流体进入大小分支通道的总供给量受限。非稳定运移中，在更大的毛管力及受限的供给量条件下，润湿相流体在小通道内运移更快。当小通道内两相界面到达汇合点后短暂停滞时，大通道内的自发渗吸前缘运移速率上升。当两相界面汇合进入出口通道后，自发渗吸前缘运移速度加快。

与上述情形相反，当入口通道宽度较大时(H＝20、H＝25 和 H＝30)，大通道内的两相界面更先到达汇合点。整体来看，出入口对模型整体的阻力贡献逐渐减小，两相流体通过模型的阻力主要来自大小通道，由于 5 组模型大小分支通道完全一样，所以导致模型整体自发渗吸行为类似。自发渗吸过程中总的阻力同样由大小通道内的阻力和入口通道的阻力共同组成，但小通道宽度小于入口通道宽度，运移过程中小通道内的阻力作用显著，大通道内阻力更小，大通道两相界面更先到达汇合点，此现象可以用单通道理论解类比解释。

4.4.3 非常规储层孔隙内液-液自发渗吸行为模拟

采用所提出的 SC-LBM 多相运移模拟方法计算了真实三维孔隙结构内的自发渗吸行为。对比分析了储层地层条件下与地面条件下三维孔隙空间内自发渗吸行为的异同，如图 4-24 所示。研究发现，储层高温高压条件下自发渗吸运移速率远高于地面常温常压条件下，高温高压条件下油水黏度的降低是导致自发渗吸速率加快的主要原因。此外，通过模拟发现三维孔隙空间内油相的卡断导致油滴滞留，油滴的形成占据了 9.47%的总孔隙体积，如图 4-25 所示。研究表明，储层环境条件及储层三维复杂孔隙几何特征均会对自发渗吸行为产生至关重要的影响。

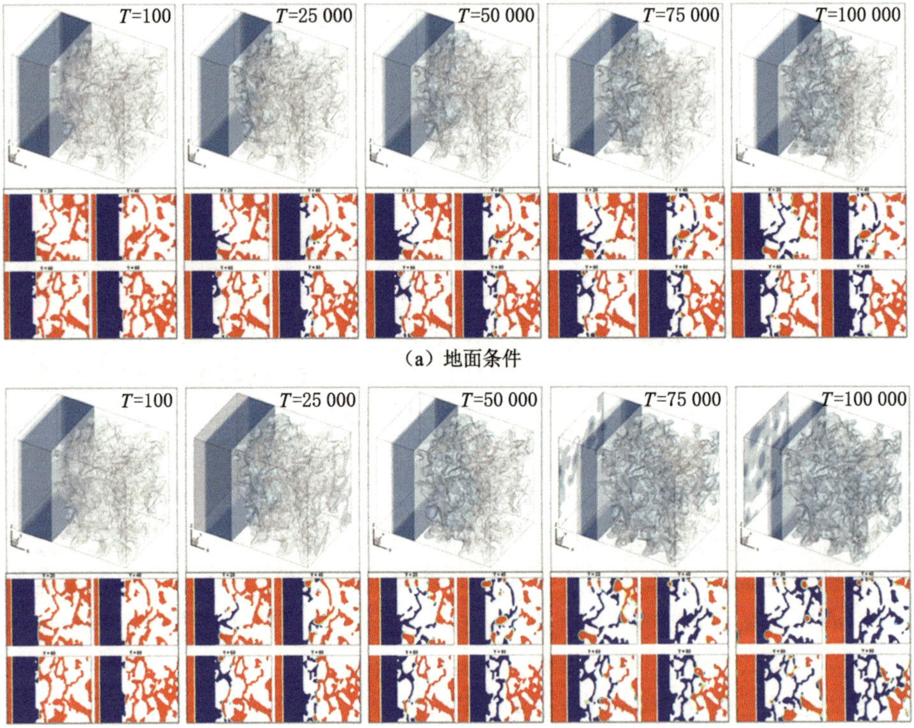

图 4-24 地层条件及地面条件下三维孔隙空间内自发渗吸行为对比[27]

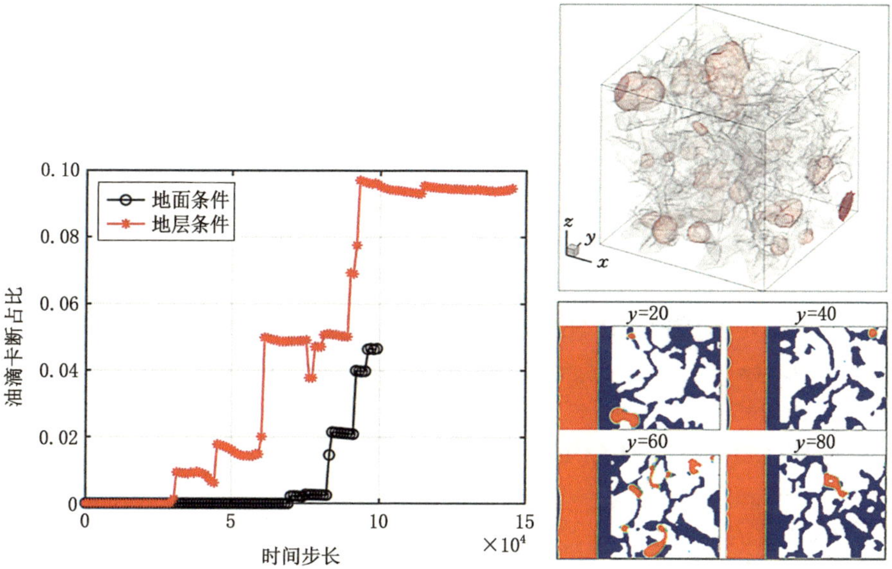

(a) 地层条件及地面条件下油滴卡断占比　　(b) 卡断油滴空间分布

图 4-25　三维孔隙空间内的油相卡断行为分析

4.5　本章小结

本章介绍了低渗岩石复杂孔隙结构内的两相运移行为，集中讨论了自发渗吸行为。对于低渗岩石来说其内部孔隙尺度极小，多相运移过程中毛管力成为其中一个主控力。尤其是低渗油气资源开发须采用水力压裂改善储层输运性质，水力压裂措施实施后压裂液在毛管力的作用下自发进入储层裂隙及孔隙空间，导致储层相对渗透率的变化，准确描述压裂液在储层孔隙空间内的运移行为对于油气资源产量预测及工艺改进具有重要作用。采用单组分两相及多组分两相伪势格子玻尔兹曼方法(SC-LBM)计算了分叉状基本单元内的流体运移，并模拟了气-液两相在低渗岩石复杂孔隙空间内的自发渗吸行为，讨论了多相运移过程中的流体迁移、卡断行为。相关研究可以为低渗储层油气资源开发提供理论基础。

参考文献

[1] SUSSMAN M, FATEMI E, SMEREKA P, et al. An improved level set method for incompressible two-phase flows[J]. Computers and fluids, 1998,27(5/6):663-680.

[2] BIRDSELL D T, RAJARAM H, LACKEY G. Imbibition of hydraulic fracturing fluids into partially saturated shale[J]. Water resources research, 2015,51(8):6787-6796.

[3] SADJADI Z, RIEGER H. Scaling theory for spontaneous imbibition in random networks of elongated pores[J]. Physical review letters, 2013, 110(14):144502.

[4] DIMITROV D I, MILCHEV A, BINDER K. Capillary rise in nanopores: molecular dynamics evidence for the Lucas-Washburn equation[J]. Physical review letters, 2007, 99(5):054501.

[5] HUANG H B, SUKOP M C, LU X Y. Multiphase lattice boltzmann methods: theory and application[M]. Hoboken: Wiley, 2015.

[6] CHEN S Y, DOOLEN G D. Lattice Boltzmann method for fluid flows[J]. Annual review of fluid mechanics, 1998, 30:329-364.

[7] SWIFT M R, ORLANDINI E, OSBORN W R, et al. Lattice Boltzmann simulations of liquid-gas and binary fluid systems[J]. Physical review E, 1996, 54(5):5041-5052.

[8] INAMURO T, OGATA T, TAJIMA S, et al. A lattice Boltzmann method for incompressible two-phase flows with large density differences[J]. Journal of computational physics, 2004, 198(2):628-644.

[9] SHAN X W, CHEN H D. Lattice Boltzmann model for simulating flows with multiple phases and components[J]. Life (Basel, Switzerland), 1993, 47(3):1815-1819.

[10] KRÜGER T, KUSUMAATMAJA H, KUZMIN A, et al. The Lattice Boltzmann method[J]. Berlin: Springer, 2017.

[11] PAN C, HILPERT M, MILLER C T. Lattice-Boltzmann simulation of two-phase flow in porous media[J]. Water resources research, 2004, 40(1):01501.

[12] RAISKINMÄKI P, SHAKIB-MANESH A, JÄSBERG A, et al. Lattice-

Boltzmann simulation of capillary rise dynamics[J].Journal of statistical physics,2002,107(1):143-158.

[13] KUPERSHTOKH A L,MEDVEDEV D A,KARPOV D I.On equations of state in a lattice Boltzmann method[J].Computers and mathematics with applications,2009,58(5):965-974.

[14] SBRAGAGLIA M,BENZI R,BIFERALE L,et al.Generalized lattice Boltzmann method with multirange pseudopotential[J].Physical review E,2007,75(2):026702.

[15] CHEN L,KANG Q J,ROBINSON B A,et al.Pore-scale modeling of multiphase reactive transport with phase transitions and dissolution-precipitation processes in closed systems[J].Physical review E,2013,87(4):043306.

[16] LI Q,LUO K H,KANG Q J,et al.Lattice Boltzmann methods for multiphase flow and phase-change heat transfer[J].Progress in energy and combustion science,2016,52:62-105.

[17] YUAN P,SCHAEFER L.Equations of state in a lattice Boltzmann model [J].Physics of fluids,2006,18(4):42101-42111.

[18] BENZI R,BIFERALE L,SBRAGAGLIA M,et al.Mesoscopic modeling of a two-phase flow in the presence of boundaries: the contact angle[J].Physical review E,2006,74(1):021509.

[19] FAN L W,FANG H P,LIN Z F.Simulation of contact line dynamics in a two-dimensional capillary tube by the lattice Boltzmann model [J].Physical review E,2001,63(5):051603.

[20] HUANG H B,THORNE D T,SCHAAP M G,et al.Proposed approximation for contact angles in Shan-and-Chen-type multicomponent multiphase lattice Boltzmann models[J].Physical review E,2007,76(6):066701.

[21] HUANG H B,LI Z T,LIU S S,et al.Shan-and-Chen-type multiphase lattice Boltzmann study of viscous coupling effects for two-phase flow in porous media[J].International journal for numerical methods in fluids,2009,61(3):341-354.

[22] DE MAIO A,PALPACELLI S,SUCCI S.A new boundary condition for three-dimensional lattice Boltzmann simulations of capillary filling in rough micro-channels [J]. Communications in computational physics,2011,9(5):1284-1292.

[23] WENZEL R N.Resistance of solid surfaces to wetting by water[J].Indus-

trial and engineering chemistry,1936,28(8):988-994.

[24] REYSSAT M,COURBIN L,REYSSAT E,et al.Imbibition in geometries with axial variations[J].Journal of fluid mechanics,2008,615:335-344.

[25] ZHENG J T,JU Y,WANG M R.Pore-scale modeling of spontaneous imbibition behavior in a complex shale porous structure by pseudopotential lattice Boltzmann method[J].Journal of geophysical research:solid earth,2018,123(11):9586-9600.

[26] 郑江韬,贾宁洪,胡慧芳,等.分支通道内液-液自发渗吸规律研究[J].计算物理,2021,38(5):543-554.

[27] ZHENG J T,LEI W H,JU Y,et al.Investigation of spontaneous imbibition behavior in a 3D pore space under reservoir condition by lattice Boltzmann method [J]. Journal of geophysical research: solid earth, 2021, 126(6):e2021JB021987.

第 5 章　低渗岩石应力敏感性

5.1　低渗岩石孔隙率和有效应力间的关系

岩石的孔隙率代表了岩石内部孔隙空间所占的体积比重。容易理解的是岩石受力后，其内部孔隙空间会发生变形，如有效应力增加，岩石内部孔隙空间被压缩，导致孔隙率变小。对于低渗岩石来说，由于其原本的孔隙率较小，在受压后有效应力的增大对孔隙率的影响相对较小，因此很多学者倾向忽略有效应力变化导致的孔隙率变化，直接采用常规测试条件下所得孔隙率来代表岩石的孔隙率。但为了更深入地理解岩石物理力学性质的变化，深入分析孔隙率随有效应力的变化规律显得尤为重要。以下列举了一些学者的试验结果及其所采用的拟合公式。

Byrnes 等[1]系统测量了 177 块来自美国东部 Medina 区块的储层岩石样本和 488 块来自美国西部 Frontier 和 Mesaverde 区块的储层岩石样本的物理力学性质。这些岩心取自深度 1.7～3.7 km 的地下储层，岩性主要为砂岩。在研究中，他们分别测量了这些岩石在常规测试条件和在储藏压力条件下的孔隙率。其中，常规测试采用氦气作为测试气体，采用 2.8 MPa 的围压来封闭圆柱形岩石样品和套管间的空间。对于储层压力，根据所取岩心的深度来换算施加 19～40 MPa 不等的静水压力。测试结果显示，Medina 岩石在常规条件下的孔隙率从 1.5%至 18%不等，平均孔隙率 5.7%；Frontier 和 Mesaverde 区块岩石的孔隙率范围为 0.6%～19.7%，平均孔隙率 8.8%。研究发现，对于 Medina 岩石来说，地层条件下的孔隙率比常规条件下所测孔隙率下降了 0.1 个百分点，对于 Frontier 和 Mesaverde 岩石来说地层条件下的孔隙率比常规条件下所测孔隙率下降了 0.5 个百分点。尽管研究展示了这两种压力条件下的孔隙率变化情况，但并未进一步探讨孔隙率随有效应力变化的具体规律。

类似的，Luffel 等[2]测量了美国得克萨斯州 Travis Peak 储层 2 100 块岩石的常规条件和地层条件下的孔隙率。岩石样本属于低渗砂岩，根据地层深度还原地层压力从 2 058～5 572 psi(14.2～38.4 MPa)不等。试验结果和 Byrnes 等[1]所得结果类似：地层压力条件下孔隙率比常规条件下下降 0.5～1 个百分点。然而，作者同样未进一步探讨孔隙率随有效应力变化的具体规律，仅限于对不同测试条件下孔隙率的对比分析。

早在 1930 年，Athy[3]系统地测量了不同深度地层沉积岩的孔隙率变化规律，并采用下述指数公式来进行表征：

$$\varphi = \varphi_0 \exp(-bx) \tag{5-1}$$

式中 φ——在深度为 x 时岩石的孔隙率；

φ_0——该储层地表条件下(即深度为零时)岩石的孔隙率；

b——材料常数。

相类似，Hoholick 等[4]对储层砂岩进行了相关测量，并采用类似公式来描述孔隙率随储层深度的变化规律。Schmoker 等[5]则研究了美国佛罗里达州南部不同深度碳酸盐岩(包括白云石和石灰石)的孔隙率变化，同样采用类似的公式来描述碳酸盐孔隙率随深度变化的规律。研究表明，接近地表的白云石孔隙率小于石灰石，随着深度的增加白云石孔隙率减小程度小于石灰石，在大约 1 700 m 深度时白云石孔隙率开始大于石灰石，这说明石灰石内部的孔隙结构更容易被压缩。

前面已经提到，储层岩石所处的应力条件可以通过储层的埋藏深度换算得到，因此式(5-1)可推广到描述岩石孔隙率和有效应力的关系。Shi 等[6]对式(5-1)进行了变换，得到如下指数公式来描述岩石孔隙率和有效应力的关系：

$$\varphi = \varphi_0 \exp(-\beta\sigma) \tag{5-2}$$

式中 σ——岩石当前所处的有效应力；

β——材料常数。

Dong 等[7]系统地测量了台湾地区车笼埔断层 A 号钻井岩石样品在不同有效应力条件下的孔隙率，所测岩石包括细粒砂岩和泥质页岩。有效应力范围为 0～120 MPa。作者分别采用了式(5-2)的指数形式和式(5-3)的幂函数形式来拟合所得试验数据，发现幂函数的形式可以更好拟合试验数据。

$$\varphi = \varphi_0 (\sigma_e / \sigma_0)^{-\beta} \tag{5-3}$$

Rutqvist 等[8]基于 Davies 等[9]的试验结果，引入"残余孔隙度"的概念，提出如下公式来更准确地描述岩石孔隙率随有效应力的变化规律：

$$\varphi = \varphi_r + (\varphi_0 - \varphi_r) \exp(-\beta\sigma) \tag{5-4}$$

式中 φ_r——残余孔隙度。

研究发现，式(5-4)可以更准确地描述岩石孔隙率随有效应力的变化规律，尤其是在有效应力较低的范围内，可以更好地描述岩石孔隙率随有效应力增长的非线性下降现象。

随着设备的不断改进、对低渗岩石机理研究的深入需求以及实际工程应用的推动，低渗岩石孔隙率随有效应力变化的测量逐渐受到越来越多学者的关注。总体来看，低渗岩石的孔隙率在较小的有效应力范围内下降较快，而在应力进一步增加时，下降趋势趋于缓慢。在岩石发生破坏之前的阶段，孔隙率的总体变化幅度通常较小，下降幅度一般不超过 1 个百分点。更丰富和更高精度的试验数据将有助于深入揭示岩石在受力状态下内部孔隙结构的变化规律，为低渗岩石的力学特性研究和相关工程应用提供重要的理论支撑和技术参考。

5.2　低渗岩石渗透率和有效应力间的关系

低渗岩石的渗透性质在许多实际工程应用中起着至关重要的作用。与孔隙率随应力变化幅度较小的特点不同，低渗岩石的渗透率随着有效应力的增加通常表现出显著的急剧下降现象。这种渗透率对应力变化的敏感性，在国内油气开采领域被称为压敏效应[10-14]。正是低渗岩石渗透率对工程应用的重要性及其随有效应力急剧下降的特殊现象，很多学者开展了相应的测试及研究，并提出采用指数或幂函数的形式来表征低渗岩石渗透率和有效应力的关系。

5.2.1　低渗岩石的压敏效应

低渗岩石的渗透率随着有效应力的增加会显著降低，常常出现几倍甚至超过一个数量级的减小。人们最早意识到低渗岩石的压敏效应，源于油气开采过程中对产量预测的误差。岩石样品从地下采出后，其所处的应力状态发生改变，应力释放使岩石内部的一些流动通道重新张开，甚至可能产生新的微裂缝。这种现象导致常规渗透试验所测得的渗透率往往远高于实际地层中的渗透率，从而引起产量预测的不准确[15-16]。为解决这一问题，许多学者[1,17-27]提出，在测量岩石渗透率时，应尽可能还原实际地层条件，尤其是对低渗岩石这种应力敏感材料，更需要模拟其地层压力环境。只有在尽可能接近实际地层压力的条件下测得的渗透率，才能更准确地反映岩石的真实渗透性质，为产量预测和工程优化提供可靠依据。

Byrnes 等[1]系统地测量了在常规条件和地层压力条件下低渗砂岩渗透率，发现其在储层条件下的渗透率要比常规条件下小 10～1 000 倍。同时作者通过压汞试验测量了常规条件下和 35 MPa 围压条件下岩石内部孔径分布，发现围压条件下岩石的平均孔喉尺寸比常规条件下孔喉尺寸下降 50%～70%(从1 μm

下降到 0.3～0.5 μm)，并指出低渗岩石渗透率的急剧下降是由于连接孔隙通道的细长孔隙被压缩所导致的。Luffel 等[2]使用 GRI 法测量了美国得克萨斯州 Travis Peak 储层 6 个井中的 936 块岩石在常规条件下和地层条件下的渗透率。结果显示，地层压力条件下所测渗透率要小于常规条件下所测渗透率，且常规测试条件下岩石的渗透率越低这种现象越明显。作者还指出，由于恢复地层压力条件测量渗透率的费用及所耗费的时间要远高于常规条件下的测量，因此建立二者之间的准确关系，有助于在获得常规渗透率后对地层条件下的渗透率进行预估。

Morrow 等[28]在他们的研究报告中给出了加卸载条件下低渗砂岩的渗透率变化。试验一共做了两个回合，有效应力范围为 400～5 000 psi(2.76～34.47 MPa)。由试验数据可以看出，经历第一回合加卸载后岩石的初始渗透率降低一半，第二回合渗透率加载到 5 000 psi 时渗透率和第一回合基本一致，相比第二回合的初始渗透率下降至原来的五分之一，第二回合卸载后，渗透率可恢复到第二回合的初始渗透率。Spencer[29]测量了美国西部低渗气藏岩石样品的渗透性随有效应力的变化规律，发现低渗砂岩的渗透率随净围压增长 200～5 000 psi(1.38～34.47 MPa)下降大约三分之一。Jones 等[30]研究了三组粗粒砂岩和三组细粒砂岩的渗透率随有效应力的变化规律，发现随着有效应力的增长，渗透率都有较大程度的下降，细粒砂岩的下降幅度更大。Milsch 等[31]研究了取自三个不同地方的砂岩的渗透率应力敏感性，其中取自德国 Eberswalder 的砂岩有最低的初始孔隙率(4.0%)和渗透率(0.009 1 mD)，这组砂岩的渗透性表现出了最强的应力敏感性。Thomas 等[19]采用氮气测量了 7 组致密砂岩的渗透率随有效应力的变化规律，这 7 组砂岩初始渗透率从 0.037 至 1.75 mD 不等，都表现出了很强的应力敏感性，渗透率在围压增长到 6 000 psi(41.37 MPa)时，下降都接近一个数量级。Wei 等[32]采用巧妙的试验研究了不同测试流体、不同温度、变围压条件下砂岩的渗透率变化规律。研究发现，初始渗透率不同，岩石渗透率随围压(3.45～34.5 MPa)的升高降低程度不同，初始渗透率越低，下降程度越大。其他一些学者也进行了相似的测量[18,21,33-34]，结论类似：低渗岩石的渗透率表现出了很强的应力敏感性，初始渗透率越低，其应力敏感性越高。

国内也有很多学者开展了低渗岩石的压敏试验。曾联波等[35]研究了鄂尔多斯盆地陇东地区特低渗透砂岩储层裂缝分布规律及其渗流作用，测量了取自地下约 1 960 m 深度含微观裂缝的细粒长石砂岩，发现随围压的升高(0～65 MPa)，渗透率从 1.41 mD 下降了超过一个数量级。贺玉龙等[36]对比了围压升降过程中砂岩和单裂隙花岗岩的渗透率应力敏感性，研究指出随着有效应力从小于 3 MPa 增长到 25 MPa 时，砂岩的渗透率下降一半，单裂隙花岗岩下降大约两个数量级。游利军等[37]开展了有效应力对致密砂岩有效渗透率的影响。研究指出,致密砂岩有较高的应力敏感性,并且在较低有效应力范围内(20 MPa以下)渗透率下降较快。另有其他一些学者也开展了类似的研究[17,25-26,38-50],得到相似的结果。

上述提到的部分岩石[18-19,21,32-34]渗透率随有效应力变化的数据经过归一化处理,整理结果如图 5-1 所示。其中,岩石的初始渗透率(第一个测量点)已在图中标注。为了便于比较,图中还提供了一组常规岩石的渗透率随有效应力变化的规律。从图中可以看出总体规律:岩石的初始渗透率越低,压敏效应越显著。这表明低渗岩石在有效应力作用下的渗透率下降更为剧烈,进一步凸显了低渗岩石对应力变化的敏感性。

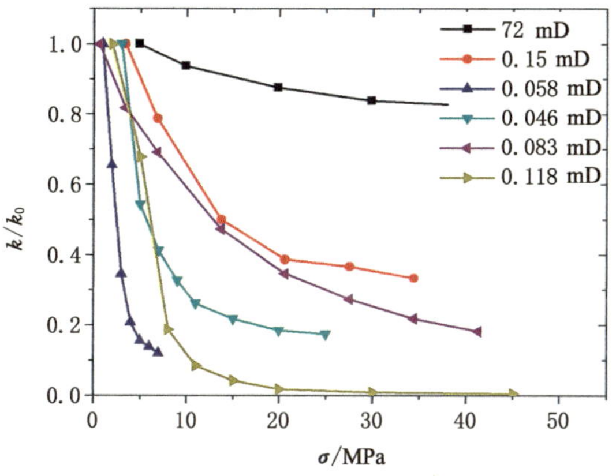

图 5-1 低渗岩石渗透率随有效应力的变化规律

5.2.2 低渗岩石压敏效应的指数函数表征

指数经验函数可以较好地描述在相对较高有效应力区渗透率的变化规律。一般来说描述渗透率随有效应力变化的指数函数如下:

$$k = k_0 \exp[-\gamma(\sigma - \sigma_0)] \tag{5-5}$$

式中 k——低渗岩石在有效应力为 σ 时的渗透率;

k_0——常规测试条件下(有效应力为σ_0)的渗透率;

γ——岩石的应力敏感性系数。

需要指出的是,为了保证渗透率测试时试样和密封套管间的密闭性,一般测试会采用围压大于孔隙压力的方式,因此 σ_0 并不等于零。

在研究地层孔隙压力的演化规律时,David 等[22]测量了 5 组砂岩渗透率在有效应力从 3～600 MPa 时的变化规律。测试流体为蒸馏水，根据不同岩石的特性，渗透率测试分别采用稳态法和压力脉冲法。在如此大的有效应力范围内，每组砂岩的渗透率-有效应力曲线均出现了一个显著的拐点。作者指出，这个拐点对应于岩石内部孔隙结构发生垮塌的临界时间节点。5 组砂岩的渗透率拐点分布在 75～380 MPa 之间。仅探讨拐点之前的数据，在此范围内，岩石渗透率的降低主要由弹性压缩引起。作者利用式(5-5)对试验数据进行了拟合，但其中两组数据在较低有效应力区间表现出显著的渗透率应力敏感性，如图 5-2 中红色椭圆标注所示。

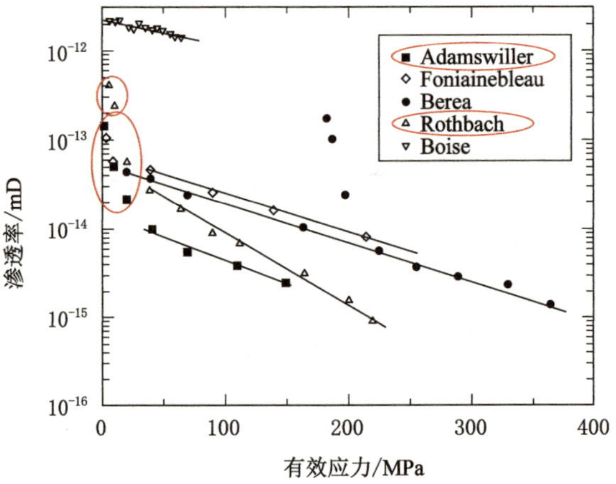

图 5-2　渗透率随有效应力的指数拟合(数据来源:David 等[22])

Evans 等[33]测量了取自完整岩块、开采破坏区及断层区样品的渗透率随围压变化的规律，这些样品常规测试条件下的孔隙率从 0.143%至 3.706%不等。测试流体选用氮气，测试方法采用压力脉冲法。作者同样采用了式(5-5)来拟合试验所得数据，得到了较好的拟合效果。但应该指出的是，对取自完整岩块的样品，有效应力在较低的范围，具体为 2.07～10.34 MPa，虽然得到了较好的结果，但是在较高的应力范围渗透率预测结果极低，并不能反映真实结果。其他两组岩石，有效应力范围分别为 2.07～33.10 MPa 和 2.07～46.89 MPa。在这样的有效应力范畴，采用式(5-5)来拟合将会低估有效应力小于 5 MPa 内的渗透率测量数据点。

国内的相关研究中，张新红等[39]测量了四川某地露头砂岩的渗透率随有效应力(2～17 MPa)变化的规律，采用上述指数公式来拟合所测数据，但并未给出拟合参数及拟合准确度，并指出在低渗油气藏开发过程中，需要采取措施来减小有效应力升高带来的渗透率降低的影响。李闽等[51-52]测量了低渗砂岩的渗透率在围压升降情况下的变化，并采用式(5-5)的指数关系来拟合试验数据。

此外，部分学者尝试采用指数公式的变形形式[17,36,53]，以期对测量数据进行更精确的拟合。然而，这些变形公式通常引入了更多的参数，而这些参数的物理意义并不明确，导致这些复杂的经验公式并不能普遍适用。

总体来说，指数公式可以较好地描述高应力区渗透率随有效应力的变化规律。但是指数公式最大的问题是难以描述低应力区渗透率随有效应力增长急剧下降的现象。渗透率在较低的有效应力范围内急剧下降是低渗岩石的典型特征之一，因此需要更合理的、能反映实际物理规律的公式来描述低渗岩石的应力敏感性。

5.2.3　低渗岩石的压敏效应幂函数表征

为了更好地描述低渗岩石的应力敏感性，一些学者提出使用如下幂函数形式来描述低渗岩石渗透率随有效应力的变化规律。

$$k = a\sigma^b \tag{5-6}$$

式中　σ——有效应力；

k——渗透率；

a、b——材料常数。

Ghabezloo 等[54]系统地测量了石灰岩的渗透率随围压及孔隙压力变化的规律。岩石样品取自法国南部 Nimes 地区，岩石的有效孔隙度为 13.4%～17.6%，测试流体为蒸馏水。研究中，作者通过不同围压和孔隙压力组合的试验分析了有效应力系数的变化特性，并采用有效应力系数的平均值 1.3 作为后续有效应力计算的基础，有效应力范围为 1～8 MPa。随后，作者利用式(5-6)对试验数据进行了拟合，得到了较好的拟合结果。然而，作者也指出式(5-6)并不能作为渗透率-有效应力关系的通用公式。这是因为根据式(5-6)的形式，当有效应力为零时，渗透率会趋于无穷大，这与实际物理现象不符，限制了该公式的普适性。

Morrow 等[55]设计了特殊的渗透率测量夹持装置，用于研究富含黏土矿物和贫含黏土矿物的渗透率特性。测试样品由两端的高渗砂岩夹持中间 1 mm 厚的待测矿物组成，测试流体为蒸馏水，测试方法为稳态法。Shi 等[6]采用式(5-6)对 Morrow 等的测量结果进行了拟合，得到较好的结果。

与式(5-6)稍有不同，部分学者将岩石内部的流动通道进行简化，并尝试通过立方定律来对低渗岩石的应力敏感性进行描述。公式如下：

$$k = k_0 \left[1 - (\sigma / P_1)^m\right]^3 \tag{5-7}$$

式中　k_0——有效应力 σ 为零时的渗透率；

P_1——等效裂缝的有效模量；

m——材料常数，取值范围 0～1。

Kwon 等[56]测量了美国路易斯安那州地下大约 3 955 m 深页岩的渗透率随有效应力变化的规律。这些岩石样品的孔隙率为 7%～8%。渗透率测试流体为 1 mol 的 NaCl 溶液，测试方法为压力脉冲法。作者采用式(5-7)来拟合试验数据，拟合数据 P_1 的大小仅为(19.3±1.6) MPa。这导致式(5-7)在有效应力大于 P_1 时给出负值渗透率预测，因此不能用来描述低渗岩石在较高有效应力范围内的渗透率变化。同样，Jones 等[21]也采用式(5-7)来拟合致密砂岩渗透率与有效应力的关系，但面临类似的问题，进一步说明了该公式在高应力条件下的局限性。

式(5-7)的优势在于联系了实际物理规律，将岩石内的流动和粗糙平板内的流动联系起来，采用类似立方定律的形式描述低渗岩石的应力敏感性，Ostensen[57]对此类模型进行了深入的探讨与总结。

总的来说，幂函数可以更好地描述低渗岩石在较低有效应力范围内的应力敏感性。但幂函数的本质问题为在某些有效应力点给出不合实际的预测。例如，式(5-6)在有效应力为零时给出无穷大的渗透率预测，式(5-7)在有效应力大于 P_1 时给出负值预测。因此，需要研究更普适的关系来表征低渗岩石渗透率和有效应力的关系。

5.3 低渗岩石渗透率和孔隙率间的关系

研究低渗岩石渗透率和孔隙率之间的关系有两方面的重要意义：首先孔隙空间提供了岩石内部的流动通道，因而自然有学者尝试建立孔隙率和渗透率间的关系。其次，岩石受力导致孔隙结构变形，直接反映的是孔隙率的变化，间接反映的是岩石渗透率的变化。因此，孔隙率可作为分析低渗岩石渗透性、应力敏感性的桥梁，这样的研究思路可以联系物理规律与岩石表观性能，进而认清低渗岩石的物理力学行为内在的本质。

5.3.1 低渗岩石渗透率和孔隙率统计关系

孔隙率和渗透率是描述岩石渗流力学性质最重要的两个参数，很多学者对不同岩石的孔隙率和渗透率进行了测量。假设可以建立合理实用的渗透率和孔隙率间的关系，那么之后的研究便可以通过较方便的孔隙率测量来预测渗透率，减少耗时费力的渗透率测量。但现实情况是渗透率和孔隙率之间只存在大致定性的规律，而无法建立起可用于合理预测的公式。

Konecny 等[27]测量了 70 块砂岩和 30 块煤岩的渗透率和孔隙率。渗透率的测试方法选用稳态法，测试流体选用氮气。关于孔隙率，作者区分了总孔隙率和有效孔隙率。通过对比岩石样品密度和岩石颗粒密度来获得岩石的总孔隙率。通过压汞孔隙率测量仪，使用 25 MPa 的压入应力，测量了等效孔径大于 30 nm 的孔隙的体积，换算为有效孔隙率。经研究发现，对于砂岩来说，渗透率和总孔隙率之间没有直接的关系，渗透率和有效孔隙率间有一定的正相关性，但是相关性较弱。对于煤岩来说，由于采用的是煤颗粒重新压制成的样品，改变了煤岩内部本来的孔隙和裂隙结构，所以渗透率和有效孔隙率之间也没有表现出相关性。

类似的，Byrnes 等[1]测量了美国不同致密气区块低渗砂岩的孔隙率和渗透率。通过大量的实测数据，作者发现渗透率和孔隙率表现出了一定的正相关性，但数据离散性很大，如同一孔隙率的不同岩石样品渗透率甚至相差超过三个数量级，如图 5-3 所示。

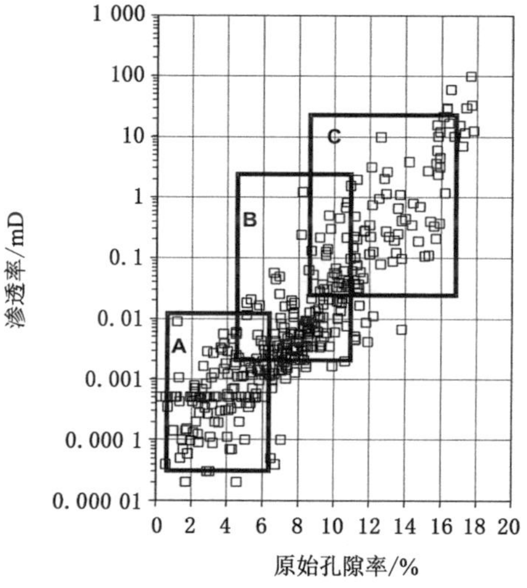

图 5-3　地层压力条件下低渗砂岩渗透率和孔隙率的关系(数据来源：Byrnes 等[1])

同样，Soeder 等[58]研究了美国科罗拉多州 Mesaverde 区块的砂岩的孔隙率和渗透率，并指出二者之间的相关性并不好。在进行了岩石内部孔隙结构分析后指出，岩石内部的孔隙结构对渗透性具有巨大的影响，并不能简单地用孔隙率这个综合因素来描述岩石渗透率的变化。Gensterblum 等[59]系统总结分析了文献[2,60-64]中关于页岩、黏土岩、泥岩的渗透率和孔隙率的关系，并指出对于黏土岩和泥岩来说，二者的相关性稍好于页岩，但是总的来说渗透率和孔隙率的相关性都很差。

综上所述，岩石内部的孔隙结构复杂，这样的几何复杂性必然会导致不同的流动性质。虽然从统计意义上来说，较高的孔隙率一般意味着较高的渗透率，但其相关性很差。采用孔隙率这样简单的体积百分比来预测岩石的渗透率往往不能得到准确的结论。

5.3.2 有效应力作用下低渗岩石渗透率和孔隙率的关系

岩石作为一种多孔介质，在受力后，孔隙结构会发生变形，这样的变形正是导致岩石渗透性质随应力变化的内在因素。把岩石孔隙率的变化作为桥梁研究岩石力学和渗透性质之间的关系更容易联系物理规律、揭示内在本质。

一般来说，在考虑由于应力引起孔隙率变化和渗透率变化直接的关系可采用如下幂函数公式：

$$k/k_0=(\varphi/\varphi_0)^m \tag{5-8}$$

式中 k_0、φ_0——在同一初始应力条件下岩石的渗透率、孔隙率；

k、φ——当前应力条件下岩石的渗透率、孔隙率；

m——材料常数。

式(5-8)可通过式(5-2)和式(5-5)或者式(5-3)和式(5-6)联合导出。

叶源新等[41]系统分析了岩石渗流应力耦合的关系，采用孔隙率为桥梁，从经验公式出发，在一定的假设条件下，借助 Kozeny-Carman 方程推导出了渗透率和孔隙率及体积应变间的幂函数关系。

David 等[22]采用式(5-8)拟合了试验所测有效应力改变条件下岩石的渗透率和孔隙率的关系。结果表明，对于试验中测试的 5 组砂岩样品，参数 m 的范围在 4.6～25.4 之间。Ghabezloo 等[54]同样采用式(5-8)幂函数的形式拟合了试验所得数据，拟合结果显示 m 值接近 11。Dong 等[7]系统测量了应力变化条件下台湾地区长龙埔地下砂岩和页岩的渗透率和孔隙率。他们分别采用式(5-2)和式(5-5)指数函数的形式以及式(5-3)和式(5-6)幂函数的形式对试验数据进行了拟合，并进一步推导得出式(5-8)中参数 m 的取值范围。研究表明，对于较高渗透率的砂岩，m 值范围为 2.04～5.04，而对于低渗的页岩，m 值显著增大，范围为 9.92～70.17。Dong 等[7]指出，页岩较高的 m 值是由于岩石内部的微裂纹闭合导致的。

从上述分析可以看出，对于低渗岩石来说，m 值十分大，甚至达到了 70.17。而实际的孔隙观测却指出，对低渗岩石的渗透率起主导作用的是岩石内部狭长的通道，这意味着应该采用类似立方定律的形式来描述渗透率和孔隙率间的关系。换句话说，式(5-8)中 m 值的大小应该接近 3 才对，与拟合结果不符。这说明将岩石整体的有效孔隙率作为唯一参数来描述岩石渗透率是不合理的，是不符合实际物理规律的。

5.4　本章小结

本章明确了低渗岩石的压敏效应。从宏观层面详细分析了低渗岩石孔隙率和渗透率随有效应力变化的关系，并综述了当前学者提出的各类孔隙率、渗透率与有效应力之间的经验公式及模型。同时指出了这些经验拟合公式的局限性，强调在分析低渗岩石渗透率随有效应力变化时，不能将孔隙率作为唯一参数，而应关注不同孔隙结构对渗透率的多样化贡献。下一章将进一步介绍研究中提出的改进宏观公式及其应用。

参考文献

[1] BYRNES A P,CASTLE J W.Comparison of core petrophysical properties between low-permeability sandstone reservoirs:eastern U.S.medina group and western U.S.mesaverde group and frontier formation[C] //SPE Rocky Mountain Regional/Low-Permeability Reservoirs Symposium and Exhibition.March 12-15,2000.Denver,Colorado.SPE,2000.

[2] LUFFEL D L,HOWARD W E,HUNT E R.Travis peak core permeability and porosity relationships at reservoir stress[J].SPE formation evaluation,1991,6(3):310-318.

[3] ATHY L F.Density,porosity,and compaction of sedimentary rocks[J].AAPG bulletin,1930,14(1):1-24.

[4] HOHOLICK J D,METARKO T,POTTER P E.Regional variations of porosity and cement:st.peter and mount Simon sandstones in Illinois Basin[J].AAPG bulletin,1984,68(6):753-764.

[5] SCHMOKER J W,HALLEY R B.Carbonate porosity versus depth:a predictable relation for South Florida[J]. AAPG bulletin,1982,66(12):2561-2570.

[6] SHI Y L,WANG C Y.Pore pressure generation in sedimentary basins:overloading versus aquathermal[J].Journal of geophysical research:solid earth,1986,91(2):2153-2162.

[7] DONG J J,HSU J Y,WU W J,et al.Stress-dependence of the permeability and porosity of sandstone and shale from TCDP Hole-A[J].International journal of rock mechanics and mining sciences,2010,47(7):1141-1157.

[8] RUTQVIST J,TSANG C F.A study of caprock hydromechanical changes associated with CO_2-injection into a brine formation[J]. Environmental geology,2002,42(2):296-305.

[9] DAVIES J P,DAVIES D K.Stress-dependent permeability:characterization and modeling[J].SPE journal,2001,6(2):224-235.

[10] 张辉,李忠诚,李明义,等.考虑压敏效应的低渗透油藏 CO_2 辅助重力驱合理配产方法[J].科学技术与工程,2024,24(22):9357-9364.

[11] 杨延辉,陈彦君,郭希波,等.沁水盆地南部高煤阶煤岩渗透率压敏效应分析[J].煤炭科学技术,2015,43(12):152-156.

[12] 李承龙,孙鹏鹏,王一飞,等.低渗透油藏五点法井网见水时间计算方法研究[J].西南石油大学学报(自然科学版),2023,45(2):67-76.

[13] 陈元千,刘攀,雷丹凤.对启动压力梯度和压敏效应的反思、推导与评论[J].油气藏评价与开发,2021,11(1):7-13.

[14] 姜瑞忠,倪庆东,张春光,等.基于应力敏感的稠油油藏变启动压力梯度渗流模型与数值模拟研究[J].油气地质与采收率,2021,28(6):54-62.

[15] 丁云娜,李波波,成巧耘,等.考虑动态滑脱的页岩微裂隙表观渗透率演化机制[J].煤炭科学技术,2023,51(11):129-138.

[16] 段淑蕾,李波波,李建华,等.含水煤岩渗透率演化规律及动态滑脱效应的作用机制[J].岩石力学与工程学报,2022,41(4):798-808.

[17] 秦积舜.变围压条件下低渗砂岩储层渗透率变化规律研究[J].西安石油学院学报(自然科学版),2002,17(4):28-32.

[18] YALE D P,NUR A.Network modeling of flow,storage,and deformation in porous rocks[C]//SEG Technical Program Expanded Abstracts.SEG,1985.

[19] THOMAS R D,WARD D C.Effect of overburden pressure and water saturation on gas permeability of tight sandstone cores[J].Journal of petroleum technology,1972,24(2):120-124.

[20] SMITH T M,SAYERS C M,SONDERGELD C H.Rock properties in low-porosity/low-permeability sandstones[J].Leading edge,2009,28(1):48-59.

[21] JONES F O,OWENS W W.A laboratory study of low-permeability gas sands[J].Journal of petroleum technology,1980,32(9):1631-1640.

[22] DAVID C,WONG T F,ZHU W L,et al.Laboratory measurement of compaction-induced permeability change in porous rocks:implications for the generation and maintenance of pore pressure excess in the crust[J].Pure

and applied geophysics,1994,143(1):425-456.

[23] BROWER K R,MORROW N R.Fluid flow in cracks as related to low-permeability gas sands[J].Society of petroleum engineers journal,1985,25(2):191-201.

[24] 刘晓旭,胡勇,朱斌,等.储层应力敏感性影响因素研究[J].特种油气藏,2006,13(3):18-21.

[25] 李孟涛,姚尚林,单文文.低渗透气藏应力敏感性实验研究[J].大庆石油地质与开发,2006,25(6):69-72.

[26] 范学平,徐向荣.地应力对岩心渗透率伤害实验及机理分析[J].石油勘探与开发,2002,29(2):117-119.

[27] KONECNY P,KOZUSNIKOVA A.Influence of stress on the permeability of coal and sedimentary rocks of the Upper Silesian Basin[J].International journal of rock mechanics and mining sciences,2011,48(2):347-352.

[28] MORROW N,BROWER K,KILMER N.Relationship of pore structure to fluid behavior in low permeability gas sands:phase Ⅱ.Final technical report[J].Geology,1984(1):1-16

[29] SPENCER C W.Review of characteristics of low-permeability gas reservoirs in western United States[J].AAPG bulletin,1989,73:613-629.

[30] JONES C,SOMERVILLE J M,SMART B G D,et al.Permeability prediction using stress sensitive petrophysical properties[J].Petroleum geoscience,2001,7(2):211-219.

[31] MILSCH H,BLÖCHER G,ENGELMANN S.The relationship between hydraulic and electrical transport properties in sandstones:an experimental evaluation of several scaling models[J].Earth and planetary science letters,2008,275(3/4):355-363.

[32] WEI K K,MORROW N R,BROWER K R.Effect of fluid,confining pressure, and temperature on absolute permeabilities of low-permeability sandstones[J].SPE formation evaluation,1986,1(4):413-423.

[33] EVANS J P, FORSTER C B, GODDARD J V. Permeability of fault-related rocks,and implications for hydraulic structure of fault zones[J].Journal of structural geology,1997,19(11):1393-1404.

[34] DEWHURST D N, APLIN A C, SARDA J P, et al. Compaction-driven evolution of porosity and permeability in natural mudstones: an experimental study[J]. Journal of geophysical research: solid earth, 1998, 103

(1):651-661.

[35] 曾联波,高春宇,漆家福,等.鄂尔多斯盆地陇东地区特低渗透砂岩储层裂缝分布规律及其渗流作用[J].中国科学,2008(1):41-47.

[36] 贺玉龙,杨立中.围压升降过程中岩体渗透率变化特性的试验研究[J].岩石力学与工程学报,2004,23(3):415-419.

[37] 游利军,康毅力,陈一健,等.含水饱和度和有效应力对致密砂岩有效渗透率的影响[J].天然气工业,2004(12):105-107.

[38] 庞宏伟,岳湘安,李丰辉,等.有效压力对低渗透变形介质油藏物性的影响[J].大庆石油地质与开发,2007,26(1):50-53.

[39] 张新红,秦积舜.低渗岩心物性参数与应力关系的试验研究[J].石油大学学报(自然科学版),2001,25(4):56-57.

[40] 叶源新,刘光廷.三维应力作用下砂砾岩孔隙型渗流[J].清华大学学报(自然科学版),2007,47(3):335-339.

[41] 叶源新,刘光廷.岩石渗流应力耦合特性研究[J].岩石力学与工程学报,2005,24(14):2518-2525.

[42] 肖曾利,蒲春生,秦文龙.低渗砂岩油藏压力敏感性实验研究[J].钻采工艺,2008,31(3):97-98.

[43] 吴凡,孙黎娟,管菲.低渗透油气藏应力敏感性评价实验新方法[J].油气地质与采收率,2007,14(4):95-97.

[44] 王厉强,刘慧卿,甄思广,等.低渗透储层应力敏感性定量解释研究[J].石油学报,2009,30(1):96-99,103.

[45] 彭苏萍,孟召平,王虎,等.不同围压下砂岩孔渗规律试验研究[J].岩石力学与工程学报,2003,22(5):742-746.

[46] 刘建军,刘先贵.有效压力对低渗透多孔介质孔隙度、渗透率的影响[J].地质力学学报,2001,7(1):41-44.

[47] 黄远智,王恩志.低渗透岩石渗透率与有效围压关系的实验研究[J].清华大学学报(自然科学版),2007,47(3):340-343.

[48] 郭云尧.围压对岩心气体渗透率影响的试验研究[J].石油大学学报(自然科学版),1991(2):47-52.

[49] 陈祖安,伍向阳,孙德明,等.砂岩渗透率随静压力变化的关系研究[J].岩石力学与工程学报,1995,14(2):155-159.

[50] YANG J F,LIU R J,LIU H Q.A universal model of stress sensitive coefficient in low permeability reservoir[J].Procedia engineering,2011,12:177-183.

[51] 李闽，乔国安，陈昊.低渗砂岩储层岩石应力敏感实验与理论研究[J].钻采工艺，2006(4)：91-93.

[52] 代平，孙良田，李闽.低渗透砂岩储层孔隙度、渗透率与有效应力关系研究[J].天然气工业，2006，26(5)：93-95.

[53] JONES S C.Two-point determinations of permeability and PV vs.net confining stress[J].SPE formation evaluation，1988，3(1)：235-241.

[54] GHABEZLOO S，SULEM J，GUÉDON S，et al.Effective stress law for the permeability of a limestone[J].International journal of rock mechanics and mining sciences，2009，46(2)：297-306.

[55] MORROW C A，SHI L Q，BYERLEE J D.Permeability of fault gouge under confining pressure and shear stress[J].Journal of geophysical research：solid earth，1984，89(5)：3193-3200.

[56] KWON O，KRONENBERG A K，GANGI A F，et al.Permeability of Wilcox shale and its effective pressure law [J]. Journal of geophysical research：solid earth，2001，106(9)：19339-19353.

[57] OSTENSEN R W.Microcrack permeability in tight gas sandstone[J].Society of petroleum engineers journal，1983，23(6)：919-927.

[58] SOEDER D J，RANDOLPH P L.Porosity，permeability，and pore structure of the tight mesaverde sandstone，piceance basin，Colorado[J].SPE formation evaluation，1987，2(2)：129-136.

[59] GENSTERBLUM Y，GHANIZADEH A，CUSS R J，et al.Gas storage capacity and transport in shale gas reservoirs：a review[J].Journal of unconventional oil and gas resources，2015(12)：87-122.

[60] GHANIZADEH A，AMANN-HILDENBRAND A，GASPARIK M，et al. Experimental study of fluid transport processes in the matrix system of the European organic-rich shales：Ⅱ. Posidonia Shale (Lower Toarcian，northern Germany)[J]. International journal of coal geology，2014，123：20-33.

[61] GHANIZADEH A，GASPARIK M，AMANN-HILDENBRAND A，et al. Lithological controls on matrix permeability of organic-rich shales：an experimental study[J].Energy procedia，2013，40：127-136.

[62] LUFFEL D L，HOPKINS C W，SCHETTLER P D Jr. Matrix permeability measurement of gas productive shales[C] //SPE Annual Technical Conference and Exhibition. October 3-6，1993. Houston，Texas. SPE，1993.

[63] YANG Y L, APLIN A C. Influence of lithology and compaction on the pore size distribution and modelled permeability of some mudstones from the Norwegian margin[J]. Marine and petroleum geology, 1998, 15(2): 163-175.

[64] YANG Y L, APLIN A C. A permeability-porosity relationship for mudstones[J]. Marine and petroleum geology, 2010, 27(8): 1692-1697.

第 6 章　基于两部分胡克定律模型的低渗岩石应力敏感性分析

现存描述低渗岩石物理力学性质的宏观模型大部分为经验公式。部分学者尝试通过孔隙率作为桥梁来建立低渗岩石渗透性质和力学性质之间的关系，但其中的问题是没有区分岩石内部不同孔隙的不同物理力学响应。本章采用美国劳伦斯伯克利国家实验室刘会海研究员所提出两部分胡克定律模型（two-part Hooke's model，TPHM）来建立更准确的、更符合物理规律的概念模型来描述低渗岩石的物理力学性质。

6.1　两部分胡克定律模型

准确描述内部包含不规则孔隙或裂隙岩石的受力变形以及力学、温度、水力耦合对一系列工程应用具有重大意义。近年来，随着计算机的发展，数值模拟软件被广泛使用，对上述耦合关系的准确描述直接关系到数值模拟的准确性。在这些耦合关系中，首要解决的是准确描述岩石的受力变形问题，即应力应变问题。

在工程领域，胡克定律（即岩石的应变与应力呈线性关系）被广泛应用[1-6]。胡克定律最初用于描述金属类均质材料，如弹簧秤的应用等。在岩石受力的过程中，在一定的应力范围内，应力与应变确实表现出较好的线性关系。然而，岩石的应力-应变曲线并非在整个范围内都呈现线性关系[7-10]。图 6-1(a)所示为岩石样品在伺服刚性试验机单轴加载条件下测得的典型应力-应变曲线。在岩石样品达到峰值强度之前通常可以分为三个阶段[11]：第一个阶段 OA 为非线性压密阶段，此阶段试样的刚度逐渐上升，这是由于岩石内部的微裂纹逐渐闭合引起的[12]；第二个阶段 AB 为线弹性阶段，应力与应变成正比，直线的斜率为弹性模型或称杨氏模量；第三个阶段 BC 为微裂纹稳定扩展阶段。相对比而言，钢材等均质材料，OA 段并不明显，如图 6-1(b)所示。在描述岩石的弹性力学性质时，通常为了方便起见，忽略 OA 段，使用 AB 段计算所得弹性模量来描述岩石弹性性质。

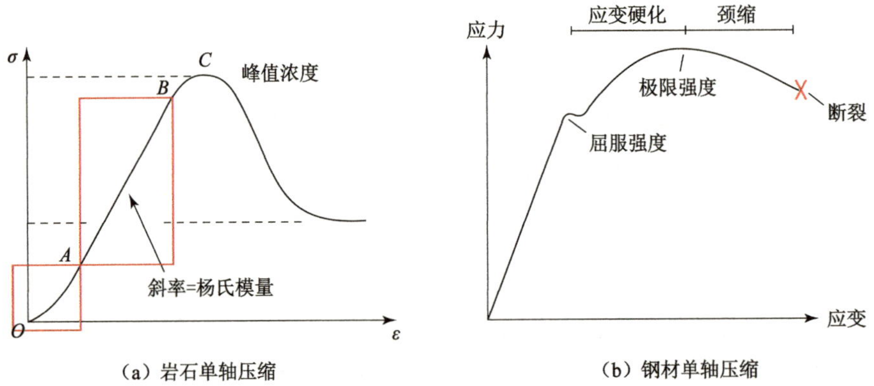

图 6-1　应力-应变曲线

图 6-2 给出了所测低渗砂岩的应力-应变曲线，计算所得该样品的杨氏模量为 44.8 GPa。

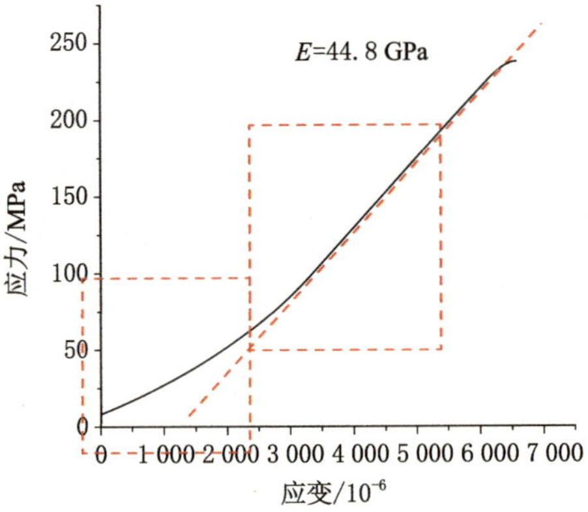

图 6-2　低渗砂岩的应力-应变曲线

对于应力敏感性岩石，忽略压密阶段 OA 将会带来很大问题，尤其是考虑耦合问题时。例如，上述章节分析中，岩石中的微裂纹对于其渗透性质有着很大的影响。接下来将介绍如何概念性地将含有内部复杂结构的岩石划分为两部分，采用两部分胡克定律模型（TPHM）建立更准确的关系式来描述岩石的力学性质。

为了方便推导，采用平均应力和体积应变来介绍 TPHM。假设均匀弹性材料受到均匀应力后，采用胡克定律来描述其弹性性质可采用如下公式：

$$d\sigma = K\,d\varepsilon \tag{6-1}$$

式中　σ——静水压力，规定压为正；

K——体积模量；

ε——体积应变。

对于体积应变的描述有两种方式：自然应变式(6-2)和工程应变式(6-3)。

$$d\varepsilon = -\frac{dV}{V} \tag{6-2}$$

式中　V——岩石样品在当前应力状态下的体积。

考虑到岩石的压缩为正，因此式(6-2)有一个负号。Freed[13]分析了对岩石应变的描述，指出为了更准确地描述岩石的变形，应该采用自然应变。

工程应变可采用如下公式：

$$d\varepsilon = -\frac{dV}{V_0} \tag{6-3}$$

式中　V_0——岩石样品在未受力状态下的体积。

设定初始条件 $\sigma=0$ 时 $V=V_0$，分别对式(6-2)和式(6-3)进行积分，对于自然应变来说有：

$$V = V_0 \exp\left(-\frac{\sigma}{K}\right) \tag{6-4}$$

式中　K——体积模量。

对于工程应变来说有：

$$V = V_0\left(1-\frac{\sigma}{K}\right) \tag{6-5}$$

值得注意的是，对于小变形来说(σ/K 趋向于 0 时)，式(6-4)将和式(6-5)等价。对于具有很高弹性模量的材料来说，在考虑弹性阶段的受力变形时，一般可视为小变形。因此为了计算的方便，实际工程领域通常采用工程应变来代替更为准确的自然应变。

但是对于岩石材料来说，其中含有不规则的孔隙、微裂纹，它们的存在使得岩石内部不同部分的变形差异显著，这也反映在岩石的应力-应变曲线上。直观地描述岩石样品整体时，通常认为具有较高的弹性模量，因此通常采用工程应变来描述岩石的弹性性质。但深入岩石内部细、微观结构，可以发现从微观结构来看，其内部含有不同大小和形状的复杂结构，如图 6-3 所示。在岩石受到均匀的静水压力后，不同部分的变形并不相同。其中，部分微裂纹及狭长孔隙会经历相对它们自身尺寸来说较大的变形，而岩石的基质部分变形较小。建立合理的模型及关系式来准确描述岩石受力后的变形显得十分重要。尤其是对于岩石力学和渗透性质的耦合来说更加重要,因为不规则的微裂缝和孔隙为流体流动提供了通道。

图 6-3 使用扫描电镜获得的岩石内部微观结构(来源:Dong 等[14])

为更准确描述上述问题,Liu 等[15-18]概念性地将岩石划分为"软"和"硬"两部分。其中,"软"的部分对应岩石内部经历相对较大变形的狭长孔隙及微裂纹,"硬"的部分对应剩余结构。描述软的部分时采用自然应变;描述硬的部分时,由于其受力后变形较小,为了计算方便,采用工程应变描述。这样的概念模型可以采用如下串联弹簧模型来进行描述,如图 6-4 所示。软的部分和硬的部分受到的外力相同,但是它们的应变响应并不相同。

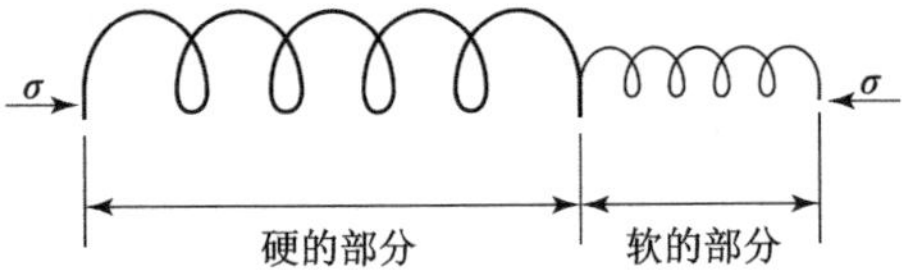

图 6-4 岩石两部分胡克定律概念模型

采用这样的概念性划分后,岩石的力学性质可进行以下推导:

$$V_0 = V_{0,e} + V_{0,t} \tag{6-6}$$

$$dV = dV_e + dV_t \tag{6-7}$$

式中 $V_{0,e}$——未受力情况下硬的部分的体积;

$V_{0,t}$——未受力情况下软的部分的体积;

V_e、V_t——当前应力状态下的硬的部分和软的部分的体积。

下面将采用类似的表述,下标 e 表示硬的部分,下标 t 表示软的部分,下标 0 表示未受力状态,下标 1 表示第一个测量点下的状态。

将式(6-4)和式(6-5)分别作为软的部分和硬的部分的体积描述,代入式(6-7),并分别除以 V_0 得到:

$$d\varepsilon=-\frac{dV}{V_0}=-\frac{dV_e+dV_t}{V_0}=\gamma_e\frac{d\sigma}{K_e}+\gamma_t\exp\left(-\frac{\sigma}{K_t}\right)\frac{d\sigma}{K_t} \tag{6-8}$$

$$\gamma_t=\frac{V_{0,t}}{V_0} \tag{6-9}$$

$$\gamma_e=1-\gamma_t \tag{6-10}$$

式中　K_e、K_t——硬的部分和软的部分的体积模量;

γ_e、γ_t——硬的部分和软的部分的体积百分比。

至此,使用 TPHM 建立起了岩石的应力-应变关系,式(6-8)～式(6-10)可以更为准确地描述岩石弹性阶段的力学性质。

基于 TPHM 概念性的划分,一系列的岩石物理力学性质可以得到更准确的描述。例如,Liu 等[16]基于 TPHM 推导了岩石体积压缩系数、孔隙压缩系数、孔隙率随应力变化的规律以及裂隙开度随有效应力的变化规律,并采用基于 TPHM 的理论推导公式拟合了文献中的试验数据,发现很好的吻合性。同时分析了不同地点岩石样品的性质,发现对于同类岩石,理论推导公式中的参数值相似。基于这些分析,他们指出基于 TPHM 推导的理论公式中各参数物理意义明确,可以更好地反映岩石的物理力学性质,也可以更好地适应工程应用。Zhao 等[17]将 TPHM 进行了扩展,描述了岩石在各向不同应力条件下孔隙岩石的物理力学性质。Liu 等[18]采用 TPHM 研究了正应力作用下岩石内部裂隙的水文性质。同样,这些推导公式被用来拟合当前文献中的试验数据,得到很好的描述结果。Li 等[19]将 TPHM 推导所得公式融合到了水力力学耦合数值计算软件中,计算了 Opalinus 页岩在隧道开挖后的物理力学响应。

6.2　基于 TPHM 的低渗岩石孔隙率、渗透率和有效应力的关系

6.2.1　孔隙率和有效应力的关系

低渗岩石内部不同孔隙在岩石受外载作用下的变形情况并不相同。与前述的软、硬概念划分类似,概念性地将低渗岩石孔隙部分的体积划分为软的部分和硬的部分,分别以 V_t^p 和 V_e^p 来表示。前述岩石软的部分定义为部分易变形的孔隙和微裂纹,全部属于孔隙空间,且 $V_t^p=V_t$。孔隙率可采用如下公式描述:

$$d\varphi\approx\frac{dV^p}{V_0}=\frac{dV_t^p+dV_e^p}{V_0}=\frac{dV_t+dV_e^p}{V_0} \tag{6-11}$$

采用推导式(6-8)的类似方法,代入 V_t 和 V_e^p 到式(6-11)可得:

$$d\varphi = -\varphi_{e,0} C_e d\sigma - \frac{\gamma_t}{K_t}\exp\left(-\frac{\sigma}{K_t}\right)d\sigma \tag{6-12}$$

$$\varphi_{e,0} = \varphi_0 - \gamma_t \tag{6-13}$$

式中 C_e——硬的部分孔隙压缩系数。

在初始条件 $\sigma=0$ 时 $\varphi=\varphi_0$,对式(6-12)进行积分可得:

$$\varphi = \varphi_{e,0}(1 - C_e\sigma) + \gamma_t\exp\left(-\frac{\sigma}{K_t}\right) \tag{6-14}$$

$$\varphi_e = \varphi_{e,0}(1 - C_e\sigma) \tag{6-15}$$

$$\varphi_t = \gamma_t\exp\left(-\frac{\sigma}{K_t}\right) \tag{6-16}$$

如式(6-14)～式(6-16)描述,岩石的孔隙率被划分为软、硬两部分。其中,硬的部分孔隙率$\varphi_e=\varphi_{e,0}(1-C_e\sigma)$和有效应力存在线性关系,软的部分孔隙率$\varphi_t=\gamma_t\exp\left(-\frac{\sigma}{K_t}\right)$随有效应力指数变化。软的部分有很小的体积模量,通常为0.1～10 MPa左右,因此随着有效应力的增加,软的部分孔隙率迅速下降。这与前文物理规律描述中软的部分对应在应力作用下容易变形的微裂纹、狭长孔隙相符。随着有效应力的不断增加,大于一定的数值后,软的部分孔隙率将趋向于零$\left[当\sigma\gg K_t 时,\exp\left(-\frac{\sigma}{K_t}\right)\to 0\right]$,这时孔隙空间的继续缩小主要来自硬的部分。

通过这样的划分,岩石内部孔隙空间随有效应力增加的变形规律得以合理描述。通过软、硬的概念划分,不同部分的应力响应得以更准确、更符合物理规律的描述。至此,建立起了岩石内部流动通道随应力变化的变形规律。流动通道的变形直接影响着岩石渗透率的变化。

6.2.2 渗透率和有效应力的关系

前文中将低渗岩石的孔隙空间概念性地划分为了软和硬两部分,本节将孔隙率作为桥梁研究渗透率和有效应力间的关系。概念性地将孔隙结构划分为软、硬两部分,进而可以区分考虑不同孔隙结构对岩石渗透率的不同贡献。流动通道随有效应力的变形规律来自软的部分和硬的部分孔隙率变形的叠加,在有效应力较小的范围内,流动通道的缩小主要来自软的部分,随着有效应力的增加,流动通道的继续减小主要来自硬的部分。

首先考虑较高有效应力范围内低渗岩石渗透率和孔隙率间的关系。分析式(6-14)可以看出,在较高的有效应力范围内,可以忽略软的部分孔隙率的影响而只考虑硬的部分的贡献,因为此时软的部分贡献趋于零。在这一有效应力范围内，采用指数公式来描述渗透率和硬的部分孔隙率间的关系：

$$k_e = k_{e,0} \exp[\beta(\varphi_e - \varphi_{e,0})] \tag{6-17}$$

式中　k_e——当前应力状态下硬的部分的渗透率；

β——材料常数。

将式(6-15)代入式(6-17)可得：

$$k_e = k_{e,0} \exp[-\beta C_e \varphi_{e,0} \sigma] \tag{6-18}$$

式中　β——硬的部分渗透率应力敏感性系数。

可以看到式(6-18)与式(2-5)类似。在 2.3.2 小节的文献分析中可以得到经验公式中渗透率和有效应力间的指数关系，虽不能反映较低有效应力范围内渗透率随有效应力的变化，但可以较好地描述在较高的有效应力范围内渗透率随有效应力的变化。这与式(6-18)的描述相类似，反映了采用指数关系描述硬的部分渗透率和孔隙率间关系的合理性。

对于软的部分的孔隙率，这些孔隙通常对应微裂纹和狭长孔隙。在较低的有效应力范围内，它们出现了相对较大的变形，虽然只占据了孔隙率的很小一部分，但导致了渗透率的急剧下降。后文将通过理论公式的推导进一步证明，正是由于软的部分的孔隙率在较低有效应力范围内的较大变形导致了岩石渗透率的急剧下降。关于此论述的其他一些物理试验证据包括：Brower 等[20]采用向低渗岩石注入环氧树脂，固化后打磨，用显微镜来观测得到岩石内部的孔隙结构。他们对比了在常压条件下的结果和围压为 34.5 MPa 时的结果，发现围压为 34.5 MPa 时岩石内部的微裂纹及狭长孔隙被压缩闭合，这些孔隙仅占总孔隙体积的很小一部分，并给出了显微镜下的观测结果以及对孔隙结构简化的结果，如图 6-5 所示。Byrnes 等[21-22]采用压汞试验获得了常压条件下和围压 35 MPa 条件下的岩石样品内部孔隙大小分布，指出相比常压条件，围压为 35 MPa 时，岩石内部的平均喉道半径下降了 50%，如图 6-6 所示，而总孔隙体积变化很小，同样采用微裂纹及狭长喉道的大变形来解释观测到的试验现象。Kilmer 等[23]采用 SEM 观测了不同围压条件下岩石中的孔隙结构，并计算了单位面积内狭长微裂纹的长度，发现岩石的渗透率和微裂纹的长度有关，指出这些微裂纹导致了低渗岩石的压敏效应。Xu 等[24]和 Smith 等[25]通过试验获得了不同围压条件下穿过致密砂岩的 P 波波速。他们发现，随着围压的增加，P 波波速迅速增加，如图 6-7 所示，推测是致密砂岩内部的微裂纹闭合造成的。同时，他们观测了致密砂岩内部的微裂纹，指出这些微裂纹是天然形成而非样品加工时人为造成的。另外，还有大量学者通过 SEM 观测到了低渗岩石中的微裂纹及狭长孔隙[14,20,26-27]。

前文已推导了硬的部分渗透率，软的部分渗透率可由测量得到的总渗透率

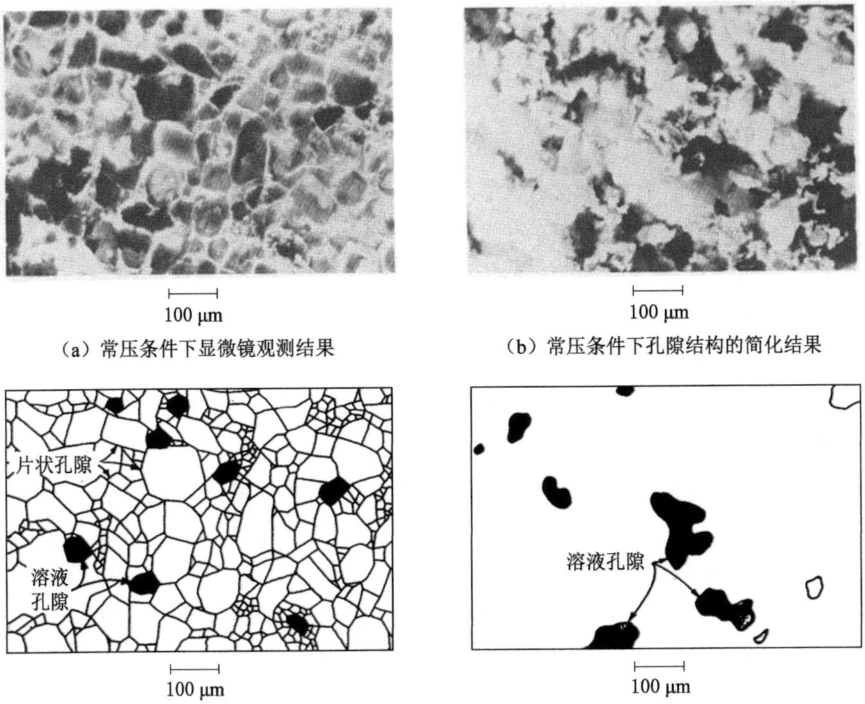

（a）常压条件下显微镜观测结果

（b）常压条件下孔隙结构的简化结果

（c）围压为34.5 MPa时的显微镜观测结果

（d）围压为34.5 MPa时孔隙结构的简化结果

图 6-5　不同围压条件下岩石内部的孔隙结构(数据来源:Brower 等[20])

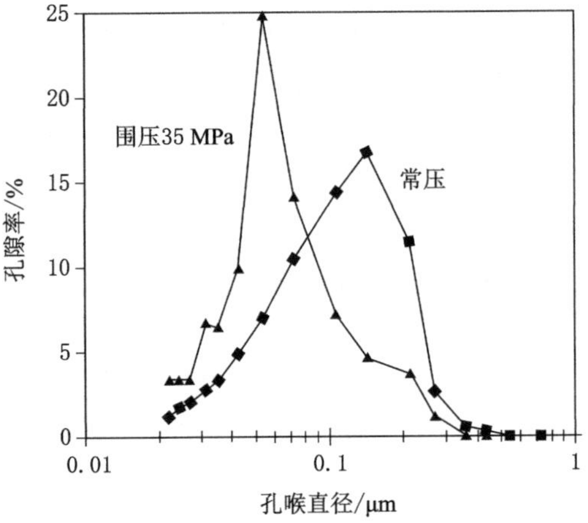

图 6-6　不同围压条件下岩石内部孔喉尺寸分布(数据来源:Byrnes 等[22])

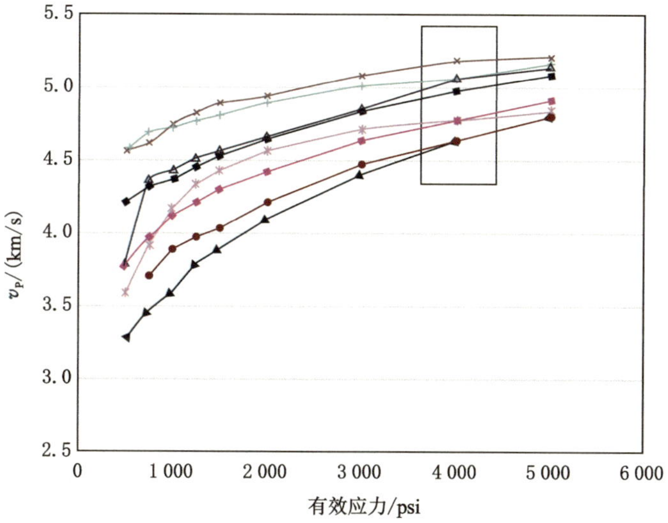

图 6-7　不同围压条件下穿过岩石的 P 波波速(数据来源:Smith[25])

减去硬的部分渗透率得到:

$$k_t = k - k_e \tag{6-19}$$

采用如下幂函数的关系来表征软的部分渗透率和软的部分孔隙率间的关系:

$$k_t = \alpha \varphi_t^m \tag{6-20}$$

式中　α、m——材料常数。

假设软的部分的孔隙率是由微裂缝及狭长孔隙组成,则上述公式应类似立方定律,也就是说 m 值的大小应接近 3[28-31]。

将式(6-16)代入式(6-20)得:

$$k_t = \alpha \left[\gamma_t \exp\left(-\frac{\sigma}{K_t}\right) \right]^m \tag{6-21}$$

合并软、硬两部分的渗透率,即叠加式(6-18)和式(6-21)可得:

$$k = k_{e,0} \exp[-\beta C_e \varphi_{e,0} \sigma] + \alpha \left[\gamma_t \exp\left(-\frac{\sigma}{K_t}\right) \right]^m \tag{6-22}$$

至此,以孔隙率为桥梁,基于 TPHM 的概念性划分,建立起了渗透率和有效应力间的关系式。

6.3 低渗岩石渗透率、孔隙率和有效应力间关系式验证

为验证所推导的理论公式的准确性，采用 Dong 等[14]的测量数据。此外，广泛搜寻了文献中关于渗透率和孔隙率随有效应力变化的试验数据。当前文献中存在很多在有效应力变化条件下渗透率的测量数据[23,27-28,32-45]，但大多数研究未同时测量孔隙率的变化。根据调研，目前同时测量渗透率和孔隙率在不同有效应力条件下变化的试验数据包括 Wyble[46]、Jones 等[47]、Yale 等[48]、David 等[49]、Mohiuddin 等[50]、Dong 等[14]。

试验数据的筛选标准如下：首先，试验测试方法及岩石样品的描述必须详尽，以确保数据的可靠性和科学性。其次，优先选取采用气体测量样品渗透率的试验数据，因为虽然气体可能受到克林肯伯格效应的影响，但气体性质相对稳定。例如采用液体（如水），难免和岩石样品发生物理或化学反应，如溶解岩石样品内部的细小结构，或携带流动通道中的细小颗粒堵塞部分通道。关于此部分的详细分析，请参见 Wei 等[32]的分析。此外，优先选用采自深部地下的岩石样品，因为研究应用主要为深部地下工程。而露头岩石由于受外部环境的影响，如风化、腐蚀等，并不能完全反映地下岩石的情况。同时，优先选用在不同有效应力条件下测试密度较高的试验数据，这更能准确验证理论推导公式；为了降低岩石样品加工过程产生微裂缝的影响，优先选用同时进行了加压和卸压过程的试验数据，以有效减小人为因素对试验结果的干扰。最后，优先选用同时进行了岩石微观结构分析的试验测量，因为推导是基于概念性的孔隙结构划分。基于上述标准，最终选用了 Dong 等[14]的测量数据来验证本章中推导的理论公式。

6.3.1 Dong 等[14]的试验测量描述

试验中所用的岩石样品取自台湾地区车笼埔断层钻探井。这个项目主要是为了研究揭示 1999 年台湾地区集集大地震发生的原因。钻探井穿越车笼埔断层和三义断层，井深 2 km。Dong 等[14]所测试的岩石样品来自地下 900～1 235 m，包括砂岩和页岩。其中，砂岩的组成成分为：石英（50%）、长石（1%）、沉积物（42%）和变质碎屑物（7%）。平均颗粒大小为 0.06～0.09 mm。根据推测，这些砂岩的形成是来自河流三角洲地带的碎屑沉积。页岩的组成成分为：伊利石（25%）、绿泥石（25%）、高岭石（4%）和蒙脱石（17%）。根据测量结果与对低渗岩石的划分定义，试验中的页岩样品为低渗岩石。选用这些页岩样品的孔隙率、渗透率在不同有效应力条件下的测量数据，用于验证推导的理论公式。全

直径岩石样品被加工为直径 20 mm 和 25 mm 的圆柱形样品，取样方向和全直径样品方向相同。选取其中较均匀的圆柱样品，舍弃有夹层或人为破坏的圆柱样品。在测量之前，将样品在 105 ℃的恒温箱内干燥超过 3 d，保证样品绝对干燥。表 6-1 详细列出了所选岩石样品的基本信息。图 6-8 给出了其中两张页岩样品的照片。

表 6-1　试验测量所用页岩样品的基本描述

样品编号	取样深度/m	干燥密度/(g/cm³)	样品直径和高度/mm	
			用于 k	用于 φ
R255_sec2	902.68	2.59	11.73/20.39	30.10/19.76
R287_sec1	972.42	2.58	4.28/25.76	25.24/25.63
R351_sec2	1 114.33	2.59	2.93/25.80	18.59/25.05
R390_sec3	1 174.24	2.66	2.68/24.65	19.69/25.11

注：数据来源于 Dong 等[14]。

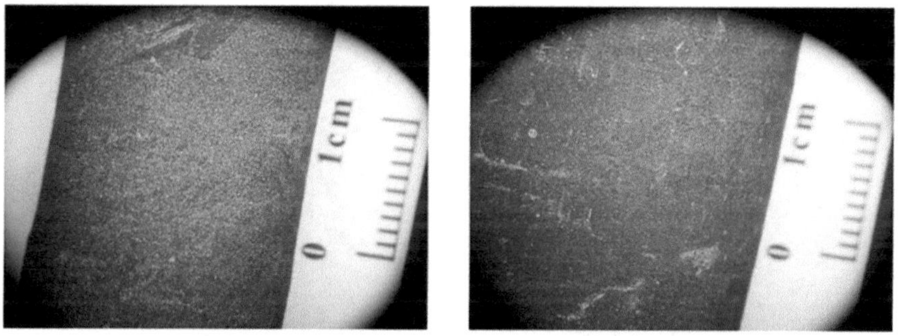

图 6-8　试验所测量的页岩样品照片(数据来源：Dong 等[14])

试验采用 YOYK2 岩石孔隙率和渗透率综合测量仪，试验装置如图 6-9 所示。

对于孔隙率的测量来说，试验中平均气体压力控制在 0.3～1.41 MPa，通过波义耳定律换算得到岩石内部孔隙的体积，进而得到孔隙率。对于渗透率测量来说，试样两端放置导流垫，以保证测试流体均匀进入试样。采用热缩性材料包裹样品，隔离施加围压流体和测试用流体。同时保证围压在任何时候都高于流体压力，防止测试流体在热缩性材料壁和试样间发生窜流。测试流体采用性质相对稳定的氮气，渗透率测试方法选用稳态法。试验中实时计量出口处的流量，并采用如下公式换算岩石样品的渗透率：

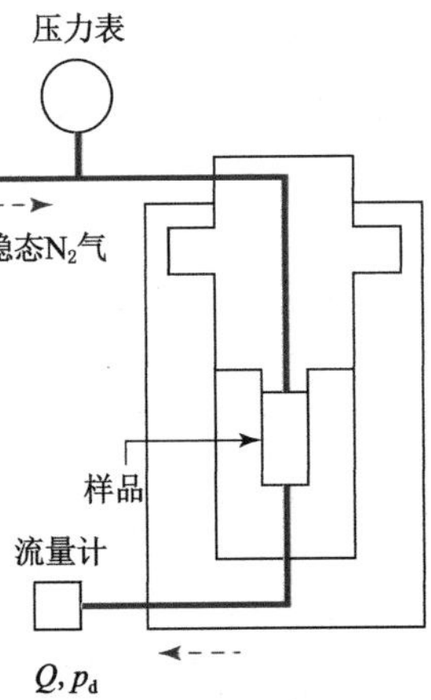

(a) 渗透率测量示意图

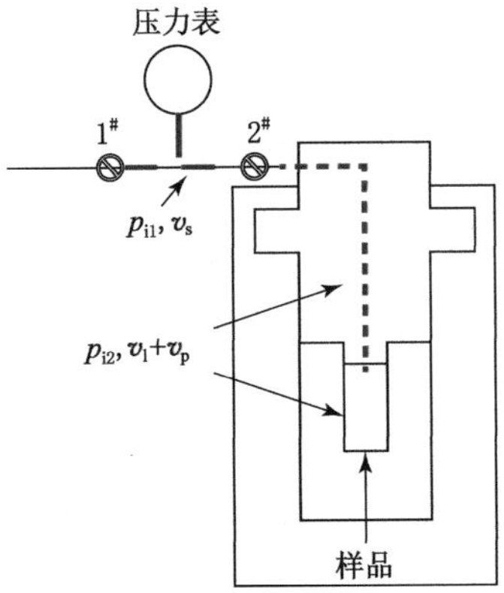

(b) 孔隙率测量示意图

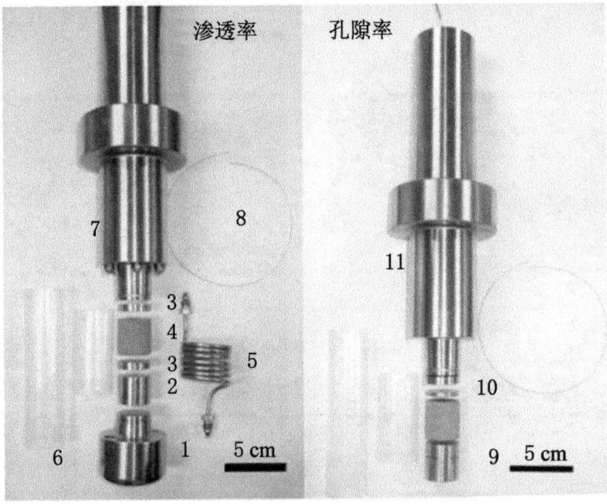

(c) 岩石样品放置图

1—下活塞(透气性);2—带孔隙压力孔的垫片;3—多孔垫片(渗透性);4—样品;
5—孔隙压力管路接头;6—热收缩柔性聚烯烃护套;7—上活塞(透气性);8—镀锌钢丝;
9—下活塞(孔隙);10—多孔间隔物(孔隙率);11—上活塞(孔隙率)。

图 6-9 试验装置示意图[14]

$$k=\frac{2Q\mu_g L}{A}\frac{p_d}{(p_u^2-p_d^2)} \tag{6-23}$$

式中 k——岩的渗透率;

Q——出口处压力条件下所测得的流量;

μ_g——氮气的黏滞系数；

L——岩石样品的长度；

A——岩石样品的截面积；

p_u、p_d——入口处和出口处的气体压力，p_u 控制在 0.2～2 MPa，p_d 为大气压力 0.1 MPa，试验中平均压力控制在 0.13～1.40 MPa。

有效应力的定义为围压减去流体压力。试验中控制流体压力基本不变，通过增大或减小围压来改变样品内的有效应力。围压升降控制过程：① 升压过程，首先从 3 MPa 升到 5 MPa，再增大到 10 MPa，之后以 10 MPa 的间隔增大到 120 MPa；② 降压过程，采用相反的顺序，逐渐降低到 3 MPa。在每个压力条件下，测试样品的孔隙率和渗透率。

6.3.2　试验测量数据的拟合

由于试验方式所限，并未得到有效应力为零时岩石样品的孔隙率和渗透率。因此，采用有效应力最小的测量点来作为拟合起始点，代替有效应力为零时的结果。式(6-14)和式(6-22)可改写为：

$$\varphi=\varphi_{e,1}(1-C_e\Delta\sigma)+\gamma_{t,1}\exp\left(-\frac{\Delta\sigma}{K_t}\right) \tag{6-24}$$

$$k=k_{e,1}\exp[-\beta C_e\varphi_{e,1}\Delta\sigma]+\alpha\left[\gamma_{t,1}\exp\left(-\frac{\Delta\sigma}{K_t}\right)\right]^m \tag{6-25}$$

式中　$\Delta\sigma=\sigma-\sigma_1$，$\varphi_{e,1}$ 和 $\gamma_{t,1}$——最小有效应力条件下硬的部分和软的部分的孔隙率；

$k_{e,1}$——最小有效应力条件下硬的部分的渗透率。

选用 R255_sec2 样品加载阶段的测量数据，详细说明式(6-24)和式(6-25)中相关参数的获取方法。试验数据分为两个应力范围进行分析：将有效应力在 35～120 MPa 范围内的数据定义为较高有效应力范围，用以表征岩石在较大外载条件下的力学和渗透特性；而将有效应力小于 15 MPa 的数据归为较低有效应力范围，用以表征岩石在较小外载条件下的初始响应特性。

对于孔隙率测量数据的拟合，如图 6-10(a)所示，在较高有效应力范围内，岩石的孔隙率基本和有效应力呈线性关系。采用直线拟合这一区间内的数据点，拟合直线采用红线在图中标出。得到的关系式可以认为是 $\varphi=\varphi_{e,1}(1-C_e\Delta\sigma)$ 的表征，因为在此应力范围内，式(6-24)右侧的第二项趋于零。拟合所得斜率的值即为 $-\varphi_{e,1}C_e$ 的值，拟合所得直线在 σ_1 处的截距即为 $\varphi_{e,1}$ 的值，这样便得到了 C_e 和 $\varphi_{e,1}$ 的值。得到 $\varphi_{e,1}$ 的值后，通过 $\gamma_{t,1}=\varphi_1-\varphi_{e,1}$ 便可换算得到 $\gamma_{t,1}$ 的值。同样，通过 $\varphi_{t,i}=\varphi_i-\varphi_{e,i}$ 可以换算得到每个测量点处软的部分孔隙率的值。至此，

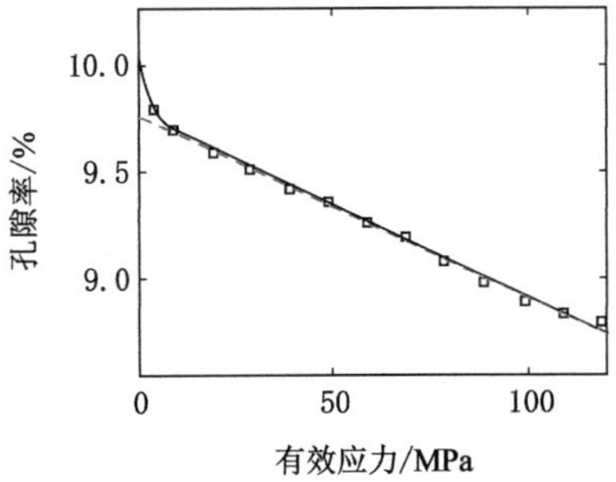

(a) 加载阶段孔隙率和有效应力的拟合

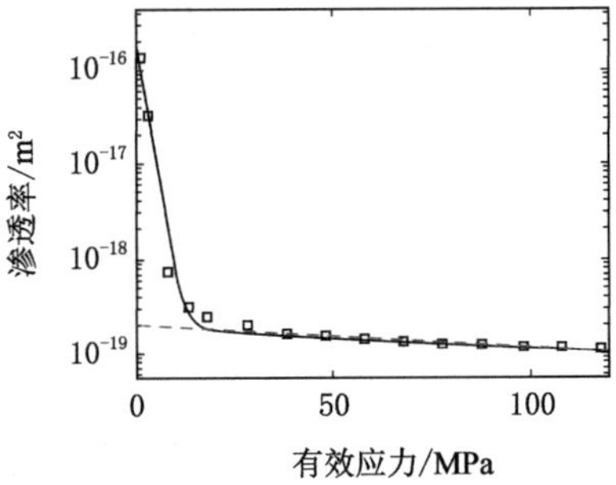

(b) 加载阶段渗透率和有效应力的拟合

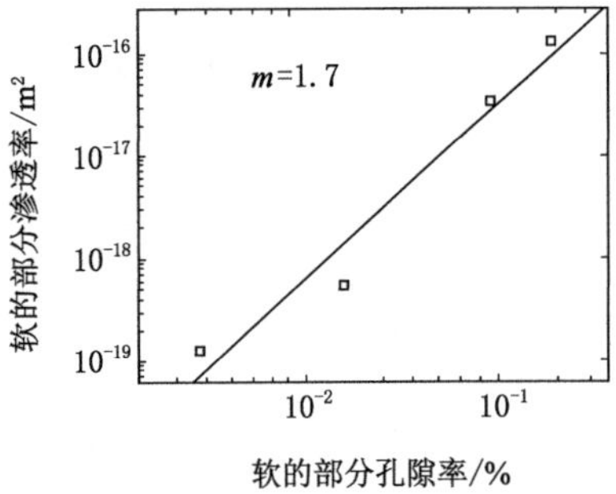

(c) 加载阶段软的部分渗透率和孔隙率的拟合

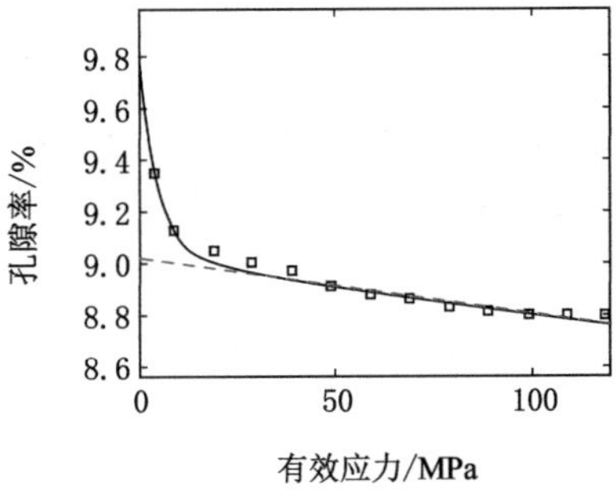

(d) 卸载阶段孔隙率和有效应力的拟合

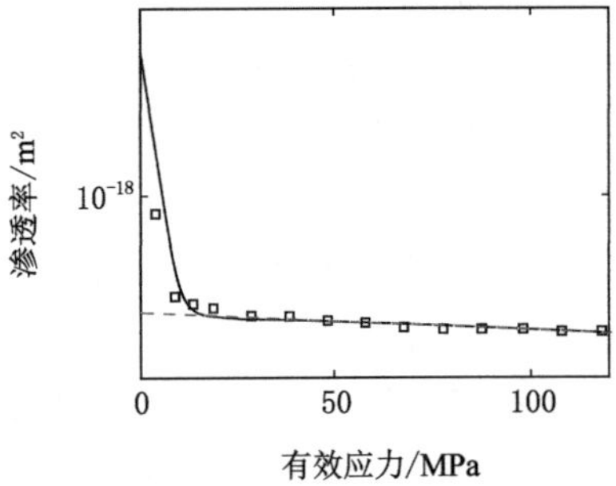

(e) 卸载阶段渗透率和有效应力的拟合

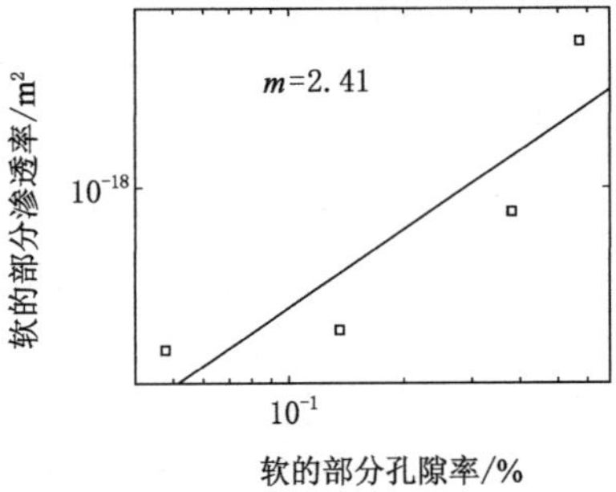

(f) 卸载阶段软的部分渗透率和孔隙率的拟合

图 6-10　R255_sec2 孔隙率、渗透率及有效应力间关系拟合[14]

式(6-24)唯一的未知量为K_t，可以通过代入较低有效应力范围内的测量值，并做平均计算得到。

对于渗透率测量数据的拟合，如图 6-10(b)所示，其中渗透率坐标采用对数坐标，在较高的有效应力范围内，岩石的渗透率的对数值基本和有效应力呈线性关系。采用直线拟合这一区间内的数据点，拟合直线使用红线在图中标出。得到的关系式可以认为是 $k=k_{e,1}\exp[-\beta C_e\varphi_{e,1}\Delta\sigma]$的表征，因为在此应力范围内式(6-25)右侧的第二项趋于零。拟合所得斜率的值即为$-\beta C_e\varphi_{e,1}$的值，由于C_e 和$\varphi_{e,1}$的值已经通过孔隙率的计算获得，则此处便可得到 β 的数值。拟合所得直线在σ_1 处的截距即为 $k_{e,1}$的值，这样便得到了描述硬的部分的渗透率的所有参数值。通过 $k_{t,i}=k_i-k_{e,i}$便可得到在较小应力范围内软的部分的渗透率。通过公式 $k_t=\alpha\varphi_t^m$ 便可得到 α 和 m 的值。单独将软的部分的渗透率和孔隙率画在双对数坐标中，如图 6-10(c)所示，并采用直线进行拟合，其斜率即为 m 值的大小，将 m 值的大小标在图中。对于卸压阶段，采用同样的处理方式，拟合结果如图 6-10(d)～(f)所示。其余岩石样品的数据拟合结果如图 6-11～图 6-13所示。

由孔隙率和渗透率拟合结果图可以看出，式(6-24)和式(6-25)可以很好地拟合试验测量得到的不同有效应力条件下的孔隙率及渗透率。由孔隙率和有效应力的关系图可以看出，较低的有效应力范围内，孔隙率的降低主要来自软的部分；较高的应力范围内，总孔隙率的降低曲线(黑色)基本和硬的部分孔隙率降低直线(红色)相重合，在此有效应力范围中，软的部分孔隙率(微裂纹及狭长孔隙)已被压实，对总孔隙率的继续下降贡献接近于零。类似的，在渗透率和有效应力的关系图中，较低的有效应力范围内，渗透率的降低主要来自软的部分，虽然软的部分的微裂纹及狭长孔隙所占体积比很小，但其对渗透率的贡献却是巨大的。在较低的有效应力范围内，渗透率超过一个数量级的降低主要是因为软的部分孔隙的闭合导致的。软的部分代表的流动通道可视为关键通道。在较高的应力范围内，总渗透率的降低曲线(黑色)基本和硬的部分渗透率降低直线(红色)相重合，在此有效应力范围中，软的部分孔隙已被压实，对总渗透率的继续下降贡献接近于零。总体来说，式(6-24)和式(6-25)即图中的黑色曲线，可以很好地描述在整个测试有效应力范围内的孔隙率和渗透率数据点，这证明了理论公式的有效性。

由软的部分的孔隙率和渗透率拟合图可以看出，双对数坐标下它们可以近似采用直线拟合，这说明二者之间的关系可以采用式(6-20)这样的幂函数关系来表述。总体来看，幂指数 m 值的大小接近 3，也就是说软的部分渗透率和孔隙率间的关系可以大致采用立方定律描述。这证明了最开始关于软的部分孔隙对

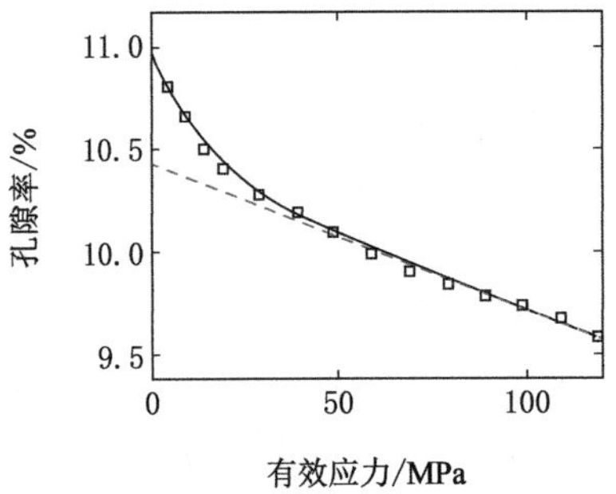

（a）加载阶段孔隙率和有效应力的拟合

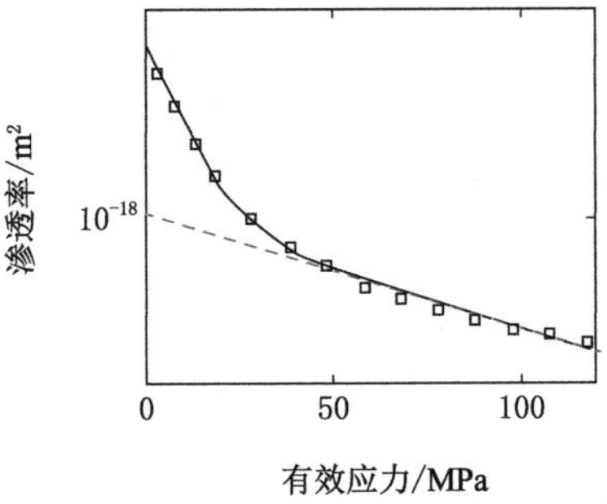

（b）加载阶段渗透率和有效应力的拟合

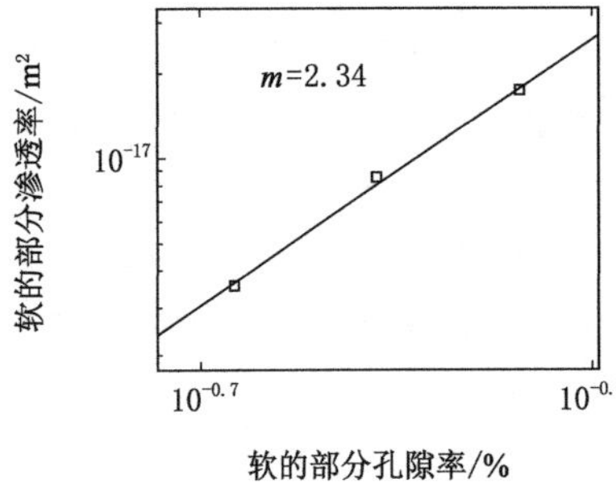

（c）加载阶段软的部分渗透率和孔隙率的拟合

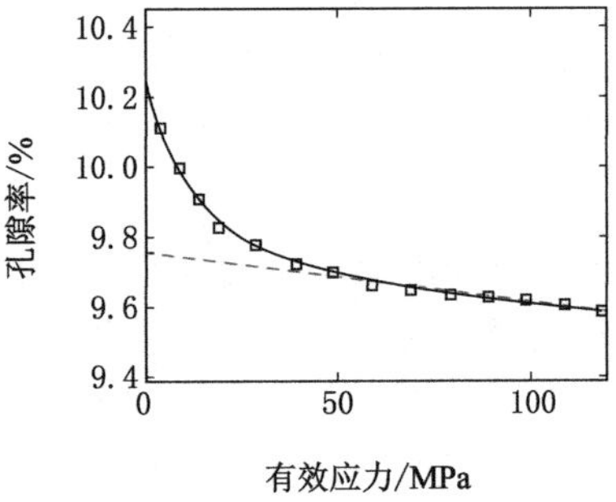

（d）卸载阶段孔隙率和有效应力的拟合

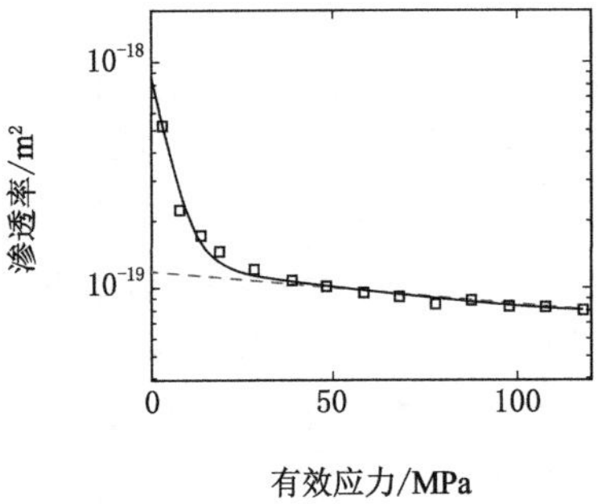

（e）卸载阶段渗透率和有效应力的拟合

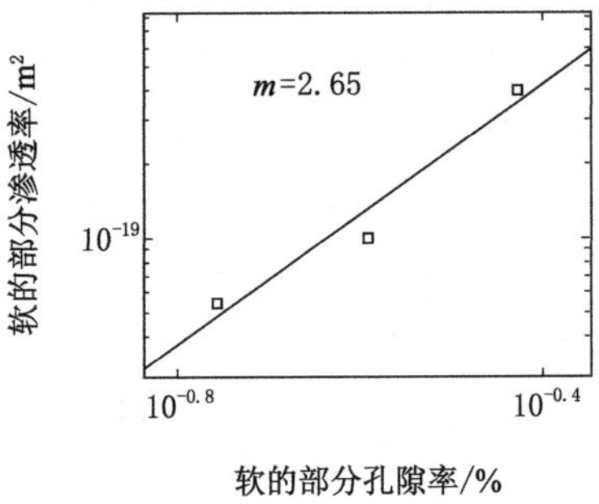

（f）卸载阶段软的部分渗透率和孔隙率的拟合

图 6-11　R287_sec1 孔隙率、渗透率及有效应力间的关系拟合

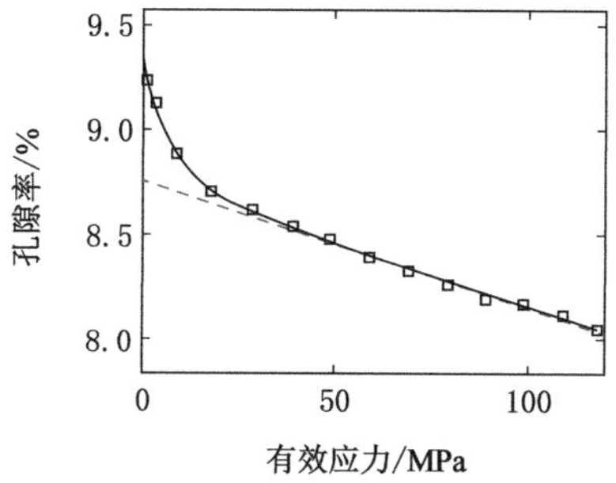

(a) 加载阶段孔隙率和有效应力的拟合

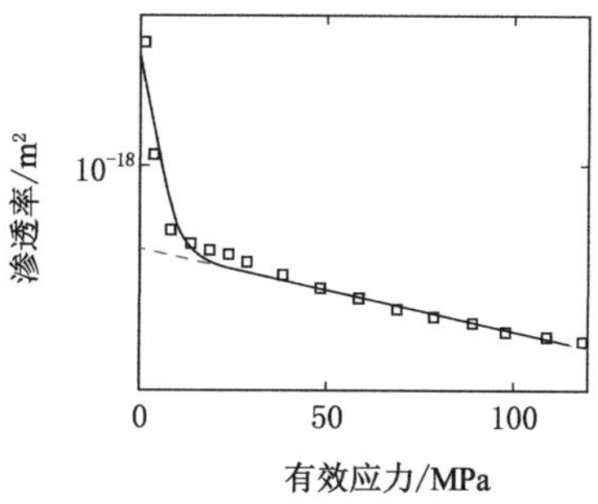

(b) 加载阶段渗透率和有效应力的拟合

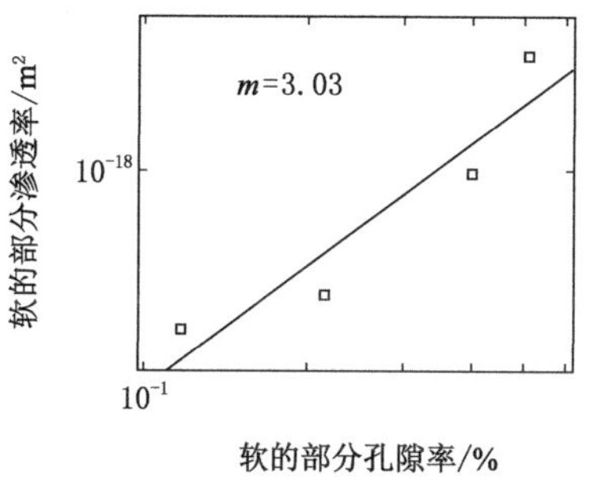

(c) 加载阶段软的部分渗透率和孔隙率的拟合

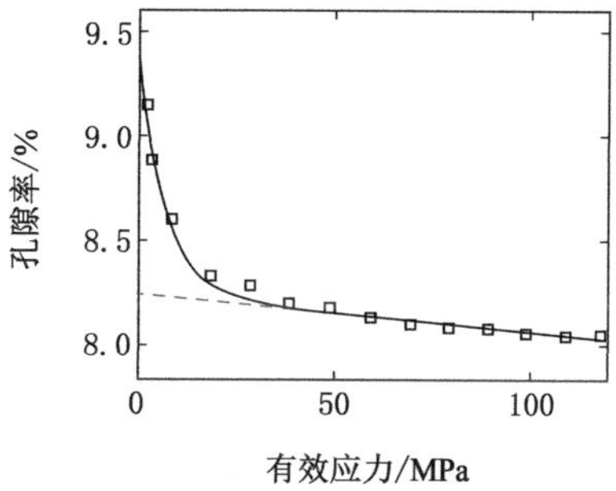

(d) 卸载阶段孔隙率和有效应力的拟合

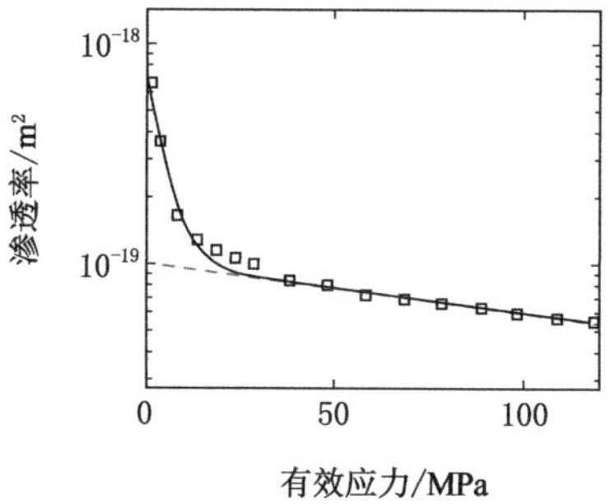

(e) 卸载阶段渗透率和有效应力的拟合

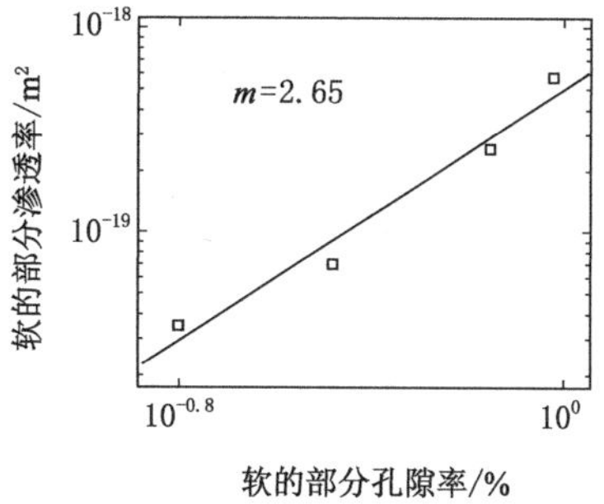

(f) 卸载阶段软的部分渗透率和孔隙率的拟合

图 6-12 R351_sec2 孔隙率、渗透率及有效应力间的关系拟合

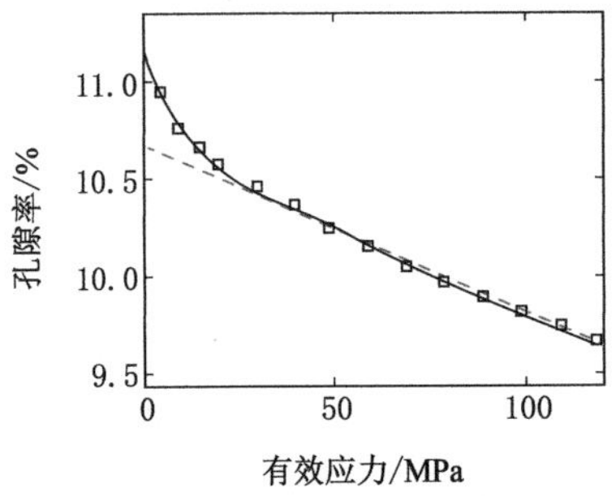

(a) 加载阶段孔隙率和有效应力的拟合

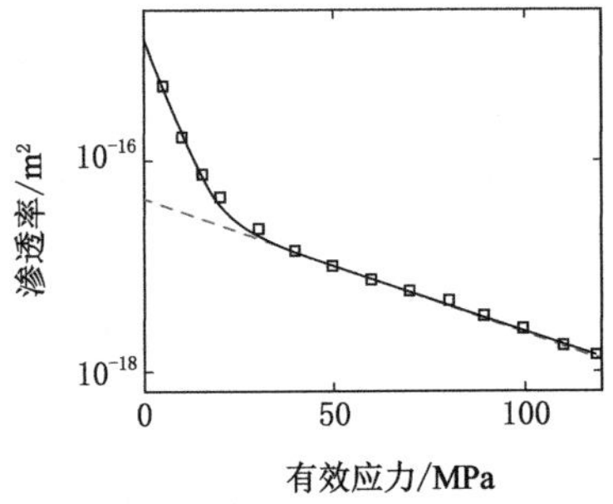

(b) 加载阶段渗透率和有效应力的拟合

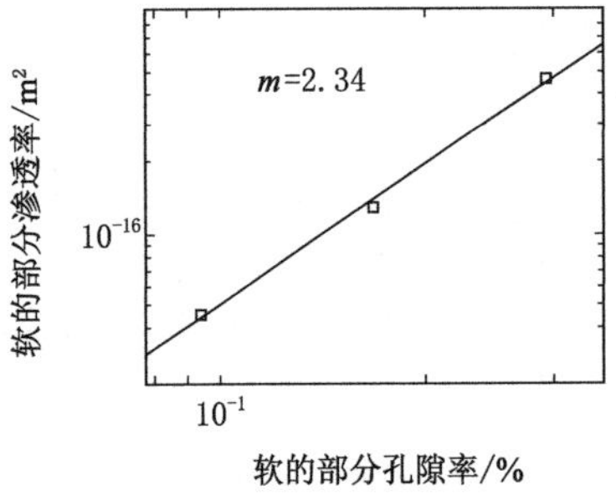

(c) 加载阶段软的部分渗透率和孔隙率的拟合

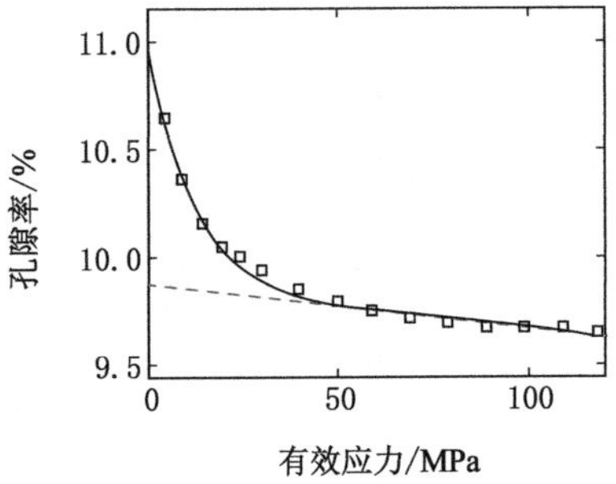

(d) 卸载阶段孔隙率和有效应力的拟合

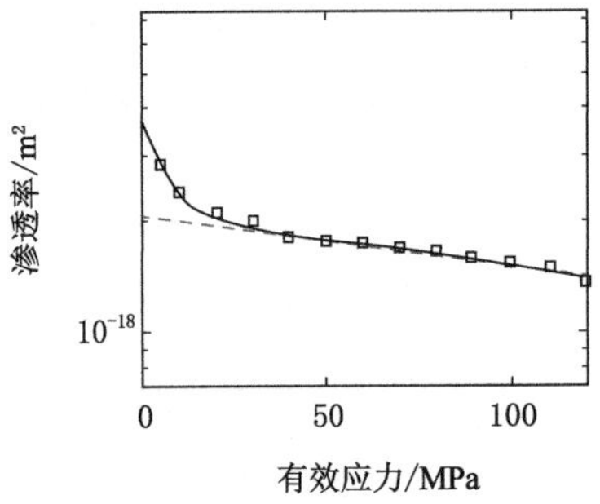

(e) 卸载阶段渗透率和有效应力的拟合

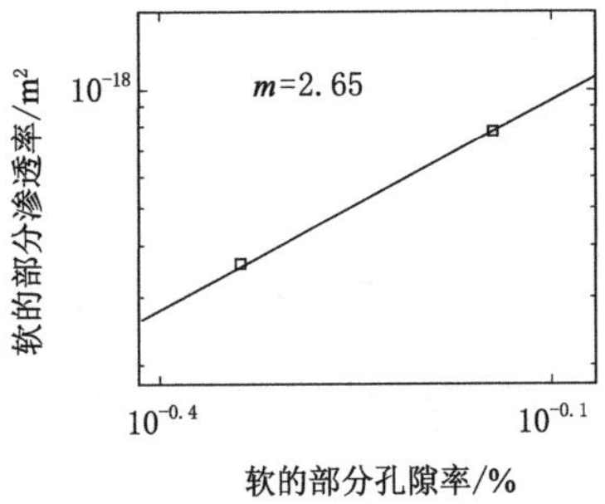

(f) 卸载阶段软的部分渗透率和孔隙率的拟合

图 6-13 R390_sec3 孔隙率、渗透率及有效应力间的关系拟合

应于微裂纹及狭长孔隙假设的合理性以及理论推导的正确性。

将式(6-24)和式(6-25)中各参数($\varphi_{e,1}$, C_e, $\gamma_{t,1}$, K_t, $k_{e,1}$, β, α, m)的拟合或计算结果及 m 值的拟合系数 R^2 列在表 6-2 中。从表中可以看出,软的孔隙率即使在最小的有效应力测量点处,所占的体积比也很小,从 0.07%到0.77%不等。软的部分的体积弹性模量K_t 值很小,从 2.83 MPa 到 14.81 MPa 不等,要远小于一般岩石的整体体积模量。在最小有效应力测量点硬的部分的渗透率 $k_{e,1}$要远小于岩石的整体渗透,此时软的部分的渗透率起主要作用。软的部分的渗透率和孔隙率可以通过幂函数关系得到很好的拟合。加载阶段 m 值的平均大小为 2.28,卸载阶段 m 值的平均大小为 2.08,m 值的大小接近 3。值得注意的是,这里所采用的较高应力范围为 35～120 MPa,因为在此应力范围内,孔隙率随有效应力的变化基本呈直线。较低的应力范围约为 3～15 MPa,以保证较低应力范围内最少有两个测量数据点。采用稍有差别的较高、较低应力范围定义会得到类似的拟合结果。同时指出,更多的试验数据对于验证和推广所推导的公式具有重要意义。通过引入多样化的岩石类型和更广泛的试验条件,可以进一步提升公式的适用性和可靠性,从而更全面地揭示低渗岩石的力学与渗透特性规律。

表 6-2　孔隙率、渗透率及有效应力间关系的拟合参数[14]

样品		$\varphi_{e,1}$ /%	σ_1 /MPa	$\gamma_{t,1}$ /%	C_e /MPa^{-1}	K_t /MPa	$k_{e,1}$ /m^2	β	α /m^2	m	R^2
R255_sec2	Loading	9.73	4.00	0.07	8.75×10^{-4}	2.83	1.97×10^{-19}	0.61	1.67×10^{-15}	1.70	0.96
	Unloading	9.01	3.99	0.34	2.40×10^{-4}	4.84	1.51×10^{-19}	1.30	1.99×10^{-17}	2.41	0.79
R287_sec1	Loading	10.40	4.08	0.41	6.81×10^{-4}	14.81	9.54×10^{-19}	3.24	1.32×10^{-16}	2.34	1.00
	Unloading	9.75	4.07	0.36	1.48×10^{-4}	13.04	1.19×10^{-19}	2.53	4.83×10^{-18}	2.65	0.95
R351_sec2	Loading	8.75	1.62	0.49	6.97×10^{-4}	8.09	2.54×10^{-19}	2.24	2.61×10^{-17}	3.03	0.88
	Unloading	8.26	1.62	0.90	2.35×10^{-4}	6.67	1.00×10^{-19}	2.68	4.91×10^{-19}	1.53	0.96
R390_sec3	Loading	10.64	3.69	0.33	8.11×10^{-4}	8.74	3.66×10^{-17}	3.29	5.42×10^{-15}	2.04	1.00
	Unloading	9.87	3.68	0.77	2.12×10^{-4}	11.30	2.04×10^{-18}	1.48	1.38×10^{-18}	1.73	1.00

6.3.3　克林肯伯格修正数据的验证

由于气体滑脱效应的存在,通常采用气体测量所得的渗透率要大于液体所测,这种现象对于低渗岩石来说更为显著。Tanikawa 等[51]指出当所测岩石的渗透率小于 10^{-18} m^2 且所采用的样品两端气体压力较小时,气测渗透率将会远高于液测渗透率，因此学者们[14,32,36,51]常采用相应公式对气测渗透率进行修正：

$$k_g = k_l[1 + (b/p_{av})] \tag{6-26}$$

式中 k_g——气测渗透率；

k_l——液测渗透率或称绝对渗透率；

p_{av}——平均气体压力；

b——滑脱效应系数，可通过如下公式计算：

$$b = 0.15 \times k_l^{-0.37} \tag{6-27}$$

在换算得到岩石样品的绝对渗透率后，采用同样的方式来拟合绝对渗透率和有效应力关系以及软的部分渗透率和孔隙率的关系。拟合结果如图 6-14～图 6-17 所示。

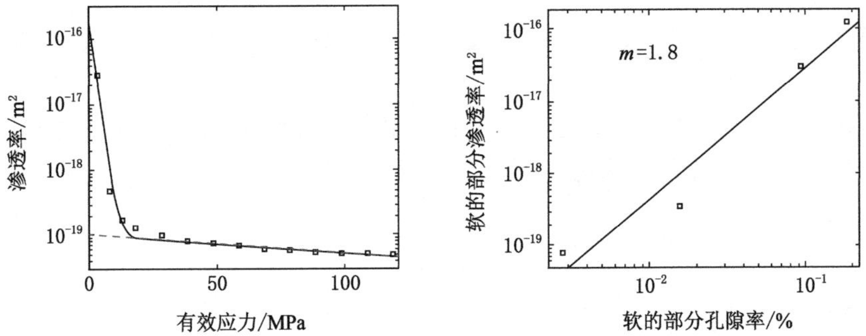

（a）加载阶段修正渗透率和有效应力的拟合　（b）加载阶段软的部分修正渗透率和孔隙率的拟合

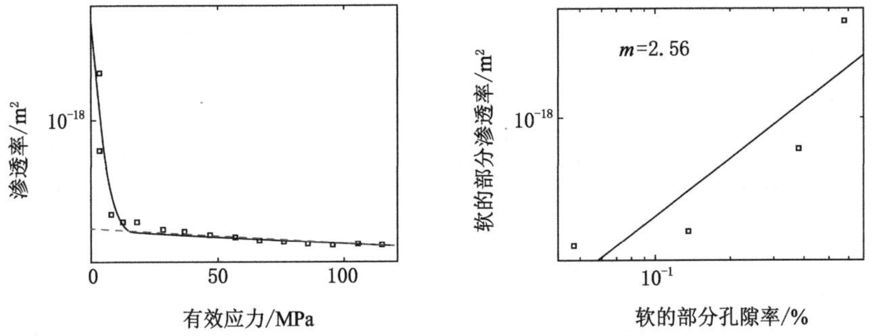

（c）卸载阶段渗透率和有效应力的拟合　（d）卸载阶段软的部分修正渗透率和孔隙率的拟合

图 6-14　R255_sec2 修正渗透率及有效应力间的关系拟合

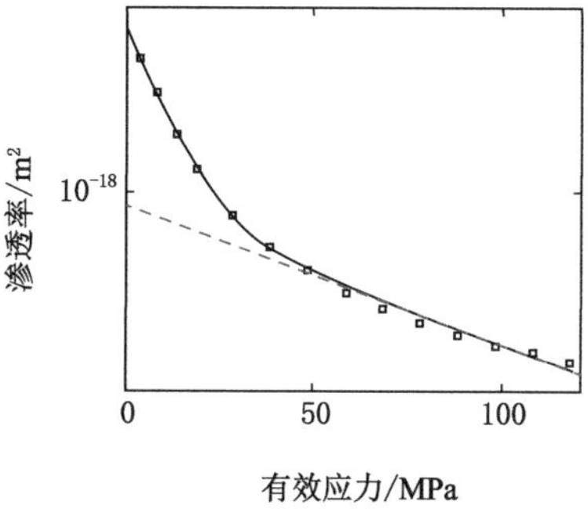

(a) 加载阶段修正渗透率和有效应力的拟合

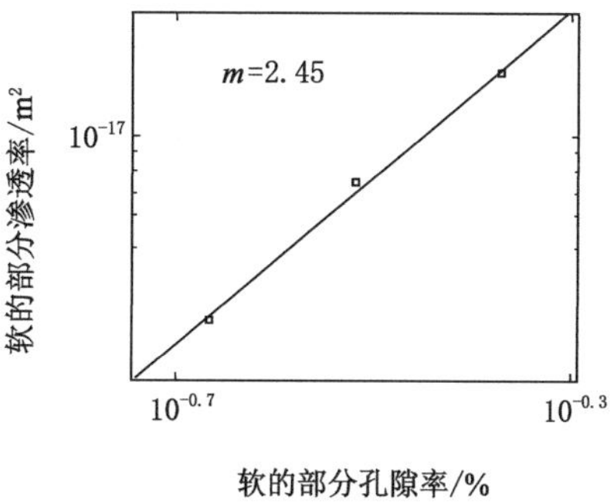

(b) 加载阶段软的部分修正渗透率和孔隙率的拟合

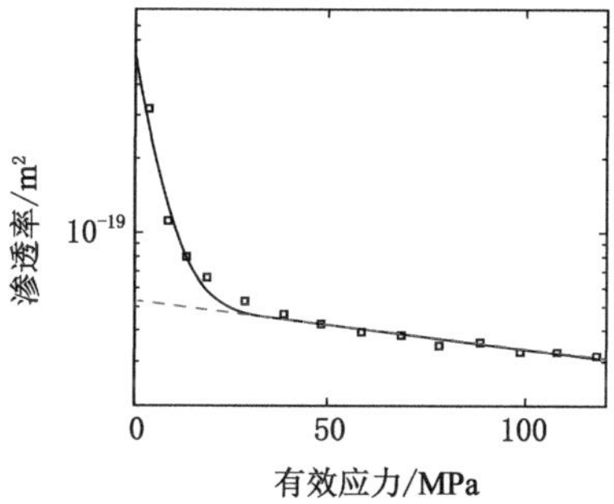

(c) 卸载阶段渗透率和有效应力的拟合

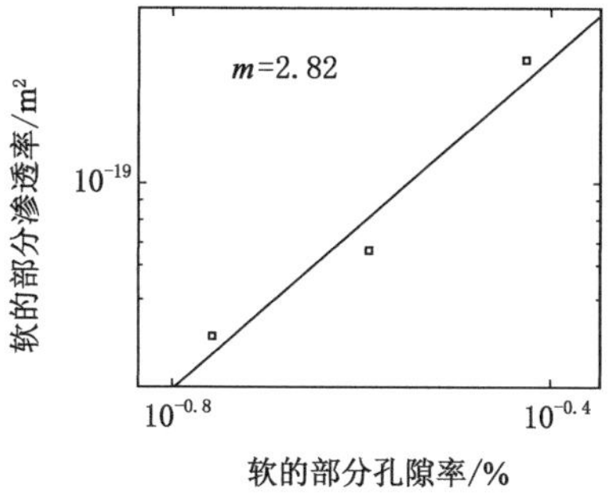

(d) 卸载阶段软的部分修正渗透率和孔隙率的拟合

图 6-15　R287_sec1 修正渗透率及有效应力间的关系拟合

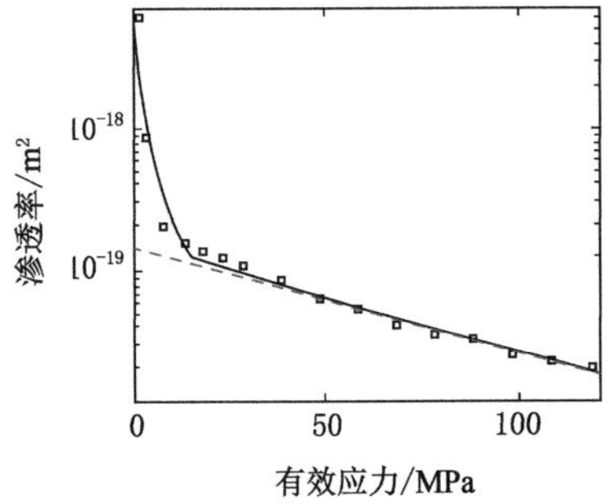

(a) 加载阶段修正渗透率和有效应力的拟合

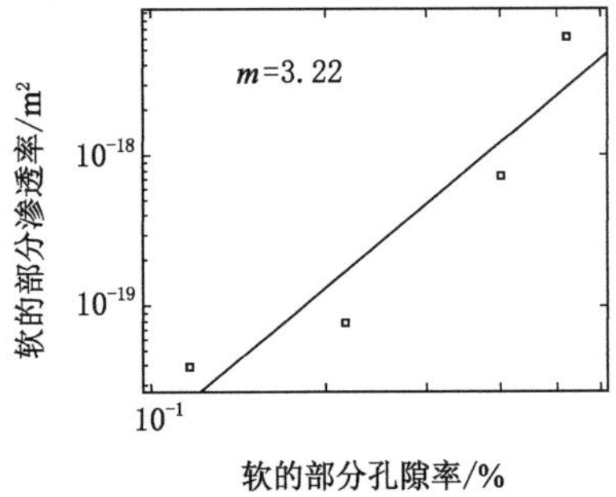

(b) 加载阶段软的部分修正渗透率和孔隙率的拟合

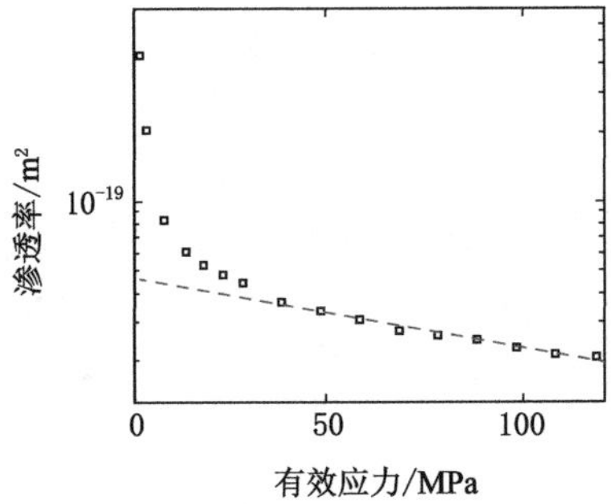

(c) 卸载阶段渗透率和有效应力的拟合

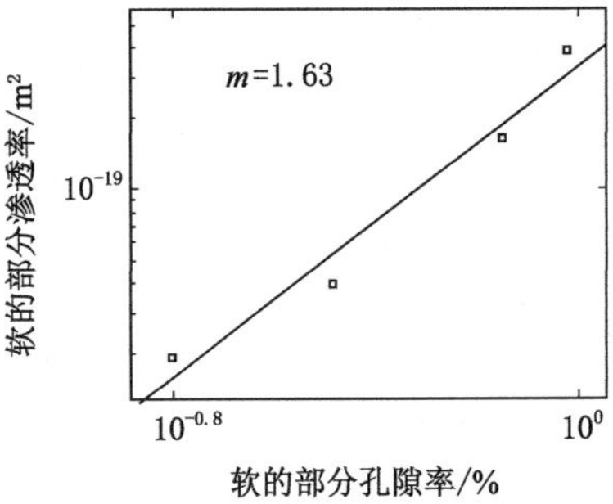

(d) 卸载阶段软的部分修正渗透率和孔隙率的拟合

图 6-16　R351_sec2 修正渗透率及有效应力间的关系拟合

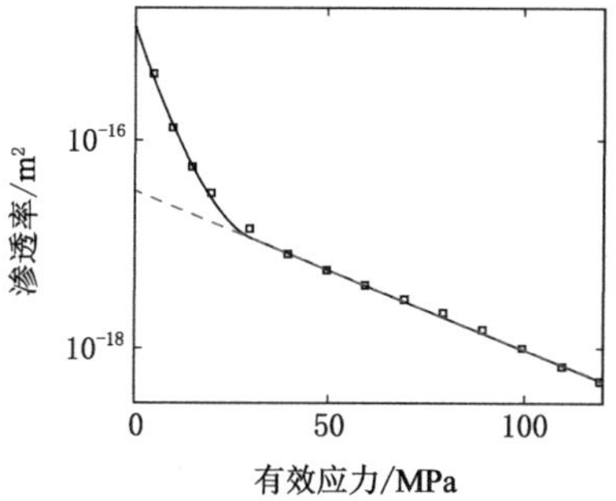

(a) 加载阶段修正渗透率和有效应力的拟合

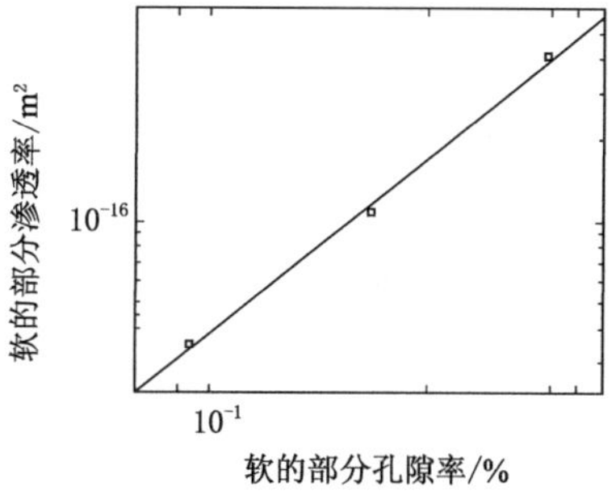

(b) 加载阶段软的部分修正渗透率和孔隙率的拟合

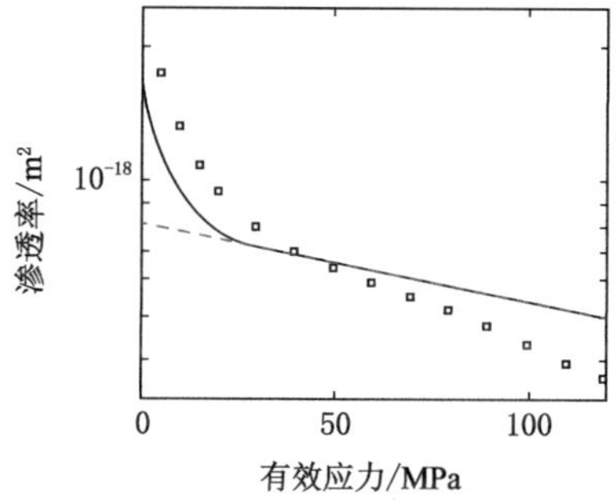

(c) 卸载阶段渗透率和有效应力的拟合

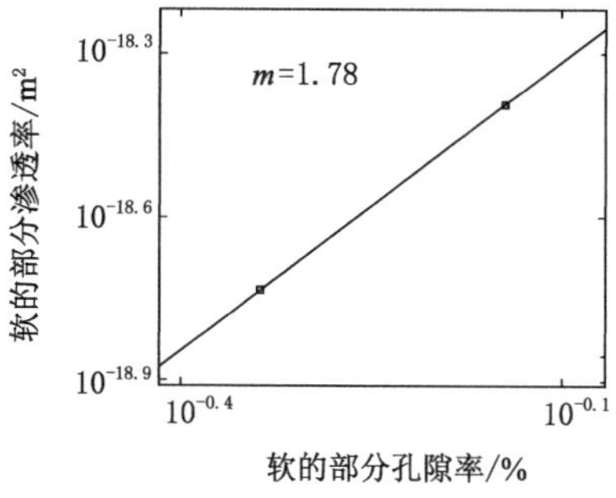

(d) 卸载阶段软的部分修正渗透率和孔隙率的拟合

图 6-17　R390_sec3 修正渗透率及有效应力间的关系拟合

将拟合参数($k_{e,1}$,β,α,m)及 m 的拟合系数 R^2 列在表 6-3 中。总体来说,修正后的渗透率 k_1 要小于实测渗透率 k_g。对修正的渗透率和有效应力关系拟合发现 $k_{e,1}$减小,而硬的部分渗透率应力敏感性系数 β 升高。对修正的软的部分渗透率和孔隙率关系拟合发现 m 值升高,加载阶段 4 个样品平均 m 值大小为 2.41,卸载阶段平均 m 大小为 2.20,拟合系数 R^2 基本不变。

表 6-3 修正渗透率及有效应力间关系的拟合参数

样品		$k_{e,1}/m^2$	β	α/m^2	m	R^2
R255_sec2	Loading	9.80×10^{-20}	0.76	1.83×10^{-15}	1.80	0.93
	Unloading	7.05×10^{-20}	1.64	1.71×10^{-17}	2.56	0.83
R287_sec1	Loading	$6-75\times10^{-19}$	4.00	1.28×10^{-16}	2.45	0.97
	Unloading	5.22×10^{-20}	3.22	3.67×10^{-18}	2.82	0.97
R351_sec2	Loading	1.44×10^{-19}	2.83	2.39×10^{-17}	3.22	0.97
	Unloading	4.48×10^{-20}	3.45	3.30×10^{-19}	1.63	0.99
R390_sec3	Loading	2.85×10^{-17}	4.10	5.46×10^{-15}	2.16	1.00
	Unloading	7.85×10^{-19}	1.91	7.32×10^{-19}	1.78	0.89

6.4 本章小结

本章介绍了两部分胡克定律模型(TPHM),并推导了低渗透岩石孔隙率、渗透率与有效应力间的关系。这些关系可以更准确地描述低渗透岩石的物理力学性质。研究表明,随着有效应力的增加,岩石内的部分孔隙(如狭长的孔隙、微裂纹、裂隙等)首先经历较大程度变形,这部分孔隙结构对应 TPHM 中“软”的部分。随着有效应力的继续增加,这部分孔隙逐渐闭合。在整个岩石受力变形过程中,软、硬两部分共同作用决定了岩石受力压缩后的物理力学行为。采用理论推导公式拟合了试验数据,得到较好的拟合效果,并通过较低应力范围内软的部分渗透率和孔隙率大致符合立方定律证明了:低渗岩石的渗透率在较低有效应力范围急剧下降是由于岩石内部的微裂纹及狭长孔隙闭合造成的。

参考文献

[1] DU R F,PEI X J,JIA J,et al.A novel observation method for determining the crack stress thresholds of rock based on Hooke's law[J].Fatigueand

fracture of engineering materials and structures,2020,43(12):3050-3062.
[2] LIU S Z,FENG J W,OSAFO J A,et al.Quantitative prediction of multi-stage fractures of ultra-deep tight sandstone based on the theory of minimum energy dissipation[J].Frontiers in earth science,2023,10:1036493.
[3] CHEN K.Constitutive model of rock triaxial damage based on the rock strength statistics[J].International journal of damage mechanics,2020,29(10):1487-1511.
[4] YAMADA S,NODA T.Finite-deformation cam-clay model considering elastic dilatancy and soil skeleton structure[J].International journal of geomechanics,2022,23(2):1-14.
[5] JANEČEK I,MISHRA D A.Deformational response of rocks to uniaxial,biaxial,and triaxial loading or unloading regimes[J].Procedia engineering,2017,191:332-341.
[6] SONG F,GONZALEZ-FERNANDEZ M A,RODRIGUEZ-DONO A,et al.Numerical analysis of anisotropic stiffness and strength for geomaterials[J].Journal of rock mechanics and geotechnical engineering,2023,15(2):323-338.
[7] 岳豪,杨胜利,翟瑞昊,等.含砂岩石力学特性及其致灾机制研究[J].岩土力学,2023,44(4):1230-1244.
[8] 何鹏飞,何满潮,李鑫,等.岩石强度理论及不同拉压应力状态下岩石强度试验研究现状[J].岩石力学与工程学报,2024,43(4):890-906.
[9] 何满潮,武毅艺,高玉兵,等.深部采矿岩石力学进展[J].煤炭学报,2024,49(1):75-99.
[10] NIU Q J,JIANG L S,WU C L,et al.Numerical analysis on fractured roadway stability based on the FDM-DFN coupling method[J].International journal of geomechanics,2024,24(9):1-18.
[11] 蔡美峰.岩石力学与工程[M].北京:科学出版社,2002.
[12] ATKINSON J H.Fundamentals of rock mechanics[J].Engineering geology,1977,11(3):241.
[13] FREED A D.Natural strain[J].Journal of engineering materials and technology,1995,117(4):379-385.
[14] DONG J J,HSU J Y,WU W J,et al.Stress-dependence of the permeability and porosity of sandstone and shale from TCDP Hole-A[J].International journal of rock mechanics and mining sciences,2010,47(7):1141-1157.

[15] LIU H H,WEI M Y,RUTQVIST J.Normal-stress dependence of fracture hydraulic properties including two-phase flow properties[J].Hydrogeology journal,2013,21(2):371-382.

[16] LIU H H,RUTQVIST J,BERRYMAN J G.On the relationship between stress and elastic strain for porous and fractured rock[J].International journal of rock mechanics and mining sciences,2009,46(2):289-296.

[17] ZHAO Y,LIU H H.An elastic stress-strain relationship for porous rock under anisotropic stress conditions[J].Rock mechanics and rock engineering,2012,45(3):389-399.

[18] LIU H H,RUTQVIST J,BIRKHOLZER J T.Constitutive relationships for elastic deformation of clay rock:data analysis[J].Rock mechanics and rock engineering,2011,44(4):463-468.

[19] LI L C,LIU H H,BIRKHOLZER J,et al.The use of two-part Hooke's model (TPHM) to model the mine-by test at Mont Terri Site,Switzerland[J].Computers and geotechnics,2014,58:28-46.

[20] BROWER K R,MORROW N R.Fluid flow in cracks as related to low-permeability gas sands[J].Society of petroleum engineers journal,1985,25(2):191-201.

[21] BYRNES A P.Reservoir characteristics of low-permeability sandstones in the rocky mountains[J].Mountain geologist,1997,34(1):39-51.

[22] BYRNES A P,CASTLE J W.Comparison of core petrophysical properties between low-permeability sandstone reservoirs:eastern U.S.medina group and western U. S. mesaverde group and frontier formation[C]//SPE Rocky Mountain Regional/Low-Permeability Reservoirs Symposium and Exhibition.March 12-15,2000.Denver,Colorado.SPE,2000.

[23] KILMER N H,MORROW N R,PITMAN J K.Pressure sensitivity of low permeability sandstones[J].Journal of petroleum science and engineering,1987,1(1):65-81.

[24] XU X X,HOFMANN R,BATZLE M,et al.Influence of pore pressure on velocity in low-porosity sandstone: implications for time-lapse feasibility and pore-pressure study[J].Geophysical prospecting,2006,54(5):565-573.

[25] SMITH T M,SAYERS C M,SONDERGELD C H.Rock properties in low-porosity/low-permeability sandstones[J].Leading edge,2009,28(1):48-59.

[26] SOEDER D J,RANDOLPH P L.Porosity,permeability,and pore structure of the tight mesaverde sandstone,piceance basin,Colorado[J].SPE formation evaluation,1987,2(2):129-136.
[27] SPENCER C W.Review of characteristics of low-permeability gas reservoirs in western United States[J].AAPG bulletin,1989,73:613-629.
[28] KWON O,KRONENBERG A K,GANGI A F,et al.Permeability of Wilcox shale and its effective pressure law [J]. Journal of geophysical research:solid earth,2001,106(9):19339-19353.
[29] WITHERSPOON P A,WANG J S Y,IWAI K,et al.Validity of cubic law for fluid flow in a deformable rock fracture[J].Water resources research,1980,16(6):1016-1024.
[30] ZIMMERMAN R W,BODVARSSON G S.Hydraulic conductivity of rock fractures[J].Transport in porous media,1996,23(1):1-30.
[31] ZIMMERMAN R W, BODVARSSON G S. Effective transmissivity of two-dimensional fracture networks[J].International journal of rock mechanics and mining sciences and geomechanics abstracts, 1996, 33(4): 433-438.
[32] WEI K K,MORROW N R,BROWER K R.Effect of fluid,confining pressure, and temperature on absolute permeabilities of low-permeability sandstones[J].SPE formation evaluation,1986,1(4):413-423.
[33] VAIROGS J,HEARN C L,DAREING D W,et al.Effect of rock stress on gas production from low-permeability reservoirs[J].Journal of petroleum technology,1971,23(9):1161-1167.
[34] THOMAS R D,WARD D C.Effect of overburden pressure and water saturation on gas permeability of tight sandstone cores[J].Journal of petroleum technology,1972,24(2):120-124.
[35] WALLS J D,NUR A M,BOURBIE T.Effects of pressure and partial water saturation on gas permeability in tight sands:experimental results[J]. Journal of petroleum technology,1982,34(4):930-936.
[36] KONECNY P,KOZUSNIKOVA A.Influence of stress on the permeability of coal and sedimentary rocks of the Upper Silesian Basin[J].International journal of rock mechanics and mining sciences,2011,48(2):347-352.
[37] METWALLY Y M,SONDERGELD C H.Measuring low permeabilities of gas-sands and shales using a pressure transmission technique[J].Inter-

national journal of rock mechanics and mining sciences, 2011, 48(7): 1135-1144.

[38] MCLATCHIE A S, HEMSTOCK R A, YOUNG J W. The effective compressibility of reservoir rock and its effects on permeability[J]. Journal of petroleum technology, 1958, 10(6): 49-51.

[39] LEI Q, XIONG W, YUAN C, et al. Analysis of stress sensitivity and its influence on oil production from tight reservoirs[C]//SPE Reservoir Simulation Symposium, 2007.

[40] BRIGHENTI G. Effect of confining pressure on gas permeability of tight sandstones[J]. ISRM international symposium, 1989(1): 187-194.

[41] JASINGE D, RANJITH P G, CHOI S K. Effects of effective stress changes on permeability of Latrobe valley brown coal[J]. Fuel, 2011, 90(3): 1292-1300.

[42] GHANIZADEH A, GASPARIK M, AMANN-HILDENBRAND A, et al. Experimental study of fluid transport processes in the matrix system of the European organic-rich shales: I. Scandinavian alum shale[J]. Marine and petroleum geology, 2014, 51: 79-99.

[43] GENSTERBLUM Y, GHANIZADEH A, CUSS R J, et al. Gas storage capacity and transport in shale gas reservoirs: a review. Part A: transport processes[J]. Journal of unconventional oil and gas resources, 2015, 12: 87-122.

[44] YANG Y L, APLIN A C. Influence of lithology and compaction on the pore size distribution and modelled permeability of some mudstones from the Norwegian margin[J]. Marine and petroleum geology, 1998, 15(2): 163-175.

[45] GHANIZADEH A, AMANN-HILDENBRAND A, GASPARIK M, et al. Experimental study of fluid transport processes in the matrix system of the European organic-rich shales: Ⅱ. Posidonia Shale (Lower Toarcian, northern Germany)[J]. International journal of coal geology, 2014, 123: 20-33.

[46] WYBLE D O. Effect of applied pressure on the conductivity, porosity and permeability of sandstones[J]. Journal of petroleum technology, 1958, 10(11): 57-59.

[47] JONES F O, OWENS W W. A laboratory study of low-permeability gas

sands[J].Journal of petroleum technology,1980,32(9):1631-1640.
[48] YALE D P,NUR A.Network modeling of flow,storage,and deformation in porous rocks [C]//SEG Technical Program Expanded Abstracts. SEG,1985.
[49] DAVID C,WONG T F,ZHU W L,et al.Laboratory measurement of compaction-induced permeability change in porous rocks:implications for the generation and maintenance of pore pressure excess in the crust[J].Pure and applied geophysics,1994,143(1):425-456.
[50] MOHIUDDIN M A,KORVIN G,ABDULRAHEEM A,et al.Stress-dependent porosity and permeability of a suite of samples from Saudi Arabian sandstone and limestone reservoirs[C]//Society of Core Analysts 2000 SCA Conference,2001.
[51] TANIKAWA W,SHIMAMOTO T.Comparison of Klinkenberg-corrected gas permeability and water permeability in sedimentary rocks[J].International journal of rock mechanics and mining sciences,2009,46(2):229-238.

第7章　渗透率应力敏感性对页岩气井产出速率的影响

近年来，随着页岩气在美国的大规模商业化开采，在全球范围内正发生着被称为“页岩气革命”的一场能源革命。页岩气井的生产曲线通常表现出在初始生产阶段产量急剧下降，之后缓慢降低的典型特征。当前对于页岩气生产曲线的描述通常采用经验公式。在本章中采用基于 TPHM 推导的渗透率和有效应力关系来尝试对页岩气生产曲线进行更准确与合理的描述。

7.1　页岩气生产曲线特征描述

进入 20 世纪后，随着页岩气在美国的成功商业开采，全球很多拥有页岩气储藏的国家陆续开展了页岩气开采的相关研究[1-6]。总的来说，页岩气的成功商业开采依赖于水平钻井技术和水力压裂技术的合理利用。其中的原因是页岩的渗透率极低，需要通过上述两种技术对储层进行改造。通过水平钻井技术深入页岩储层内部，之后通过水力压裂技术对渗透率极低的页岩进行压裂改造，使得页岩气可以从储藏中运移到生产井中。虽然有些民众担心采用水力压裂可能导致地下饮用水层的污染以及诱发地震[7-8]，但是研究证明合理地利用这项技术，尤其是做好生产井的密封将会使这些危险降到最低。另外，开采页岩气将大大帮助尤其是像中国这样对煤炭高依赖性国家的能源结构转型。放眼全世界，页岩气的开发利用，可作为中间过渡帮助人类从化石能源到可再生能源的转型。

不论是页岩气井或是其他油、气井，开采公司关心的核心问题是该井的预计产量是多少，可以持续生产多长时间，相应可以产生多少经济效益。需要回答这些问题，很关键的一点是对于该井生产曲线的合理预测。页岩气井的生产曲线通常表现出在最初的生产阶段下降很快的现象，如图 7-1 所示，这也使得很多公司对页岩气井的最终产量产生怀疑。不同的压裂方式、不同的支撑剂选用、不同的生产压力等，都会影响页岩气井的生产曲线，通过研究单井生产曲线以及对比不同井的生产曲线，将会帮助人们认识页岩气的产出规律，找到最合理的生产方式。

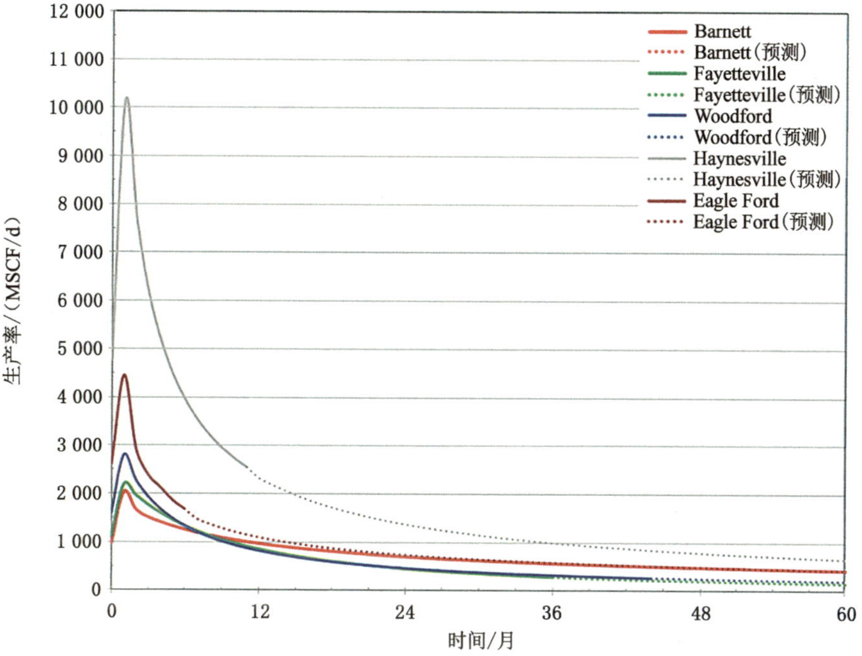

图 7-1　典型的页岩气井生产曲线(来源：Baihly 等[9])

对页岩气井生产曲线的预测多采用经验公式，或是直接采用相同区块其他页岩气井记录的生产曲线来进行描述。当类比的方式行不通时，人们经常采用 Arps 公式来进行页岩气井生产曲线预测。Arps 公式具有如下形式：

$$Q(t)=\frac{Q_i}{[1+bDt]^{1/b}} \tag{7-1}$$

式中　$Q(t)$——在时刻 t 时生产井内的生产速率；

Q_i——最开始的生产速率；

b、D——经验参数。

Arps 公式的最先推导及应用是为了描述常规油藏的生产曲线，在描述页岩气时其中参数的意义已与最初假设不符，变为一个纯经验公式。但其简单、实用，依旧被应用在工程领域。一些学者[10-18]尝试对 Arps 公式进行改进来更好地描述油气井的生产曲线。基于 Arps 公式对页岩气井生产曲线的描述与预测，是研究人员在总结实践经验的基础上，针对页岩气井生产动态特征所提出的一种初步预测方法。

近年来，随着页岩气产业的迅速发展，对其中的生产机理研究显得尤为关键。一些学者尝试从内在机理认识出发描述控制页岩气产出物理规律。例如，Ozkan 等[19-20]考虑了气体在岩石基质和压裂裂缝内的不同流动规律，并研究了气体从页岩基质内流动到裂缝过程的产出机理。Javadpour 等[21]指出，气体在纳米级别通道的流动规律应该采用克努森扩散方程来描述。因为在描述纳米尺度气体流动规律时，非滑移边界不再适用，因此不能采用传统的纳维斯托克斯方程进行表征。Cho 等[22]通过试验研究了外载作用下裂缝的传导性质，进而探讨了有效应力的改变对于页岩气井产量的影响。不少学者[20,23-31]研究了页岩基质内气体的吸附解吸规律，并得出在考虑页岩气井长期产量时应考虑页岩基质内气体解吸附的重要性。Blasingame[32]综述了低渗储藏内部气体的流动规律。上述这些页岩气产出机理的研究提供了描述页岩气生产曲线的理论基础。

随着计算机技术的快速发展，数值模拟手段成为一种描述页岩气产出规律的重要方法。正是由于数值模拟的快速发展，使得综合考虑温度、应力、化学反应、地质条件等因素的综合影响成为可能。Bello 等[33]采用线性双孔隙率模型研究了采用水平钻井和多段压裂技术进行页岩气开采时气体的产出规律。Shabro 等[25]在孔隙尺度模型的基础上考虑了气体的滑脱效应、克努森扩散和气体解吸，并预测了储藏的页岩气产量。Ozkan 等[20]提出了双机理双孔隙率模型，更准确地描述了页岩气在不同尺度条件下的扩散效应及达西流动。Cipolla 等[23]通过对页岩气产出规律的模拟指出，气体的解吸在页岩气生产初期对产量贡献不大。总的来说，很多学者通过数值模拟手段进行了页岩气产出描述，但是并没有一种被大家普遍接受的数值模拟方法。

在考虑页岩气产出时，需要考虑的因素众多，其中包括页岩基质内气体的吸附解吸、页岩基质内气体的扩散、滑脱效应、井壁周围气体的非达西流、温度效应的影响、压裂液与页岩基质的化学反应、支撑剂的作用、地质规律的影响、地应力的影响等。本章采用 COMSOL 数值模拟软件集中讨论随着气体产出、储层孔隙压力降低、有效应力升高对页岩气产量的影响。

7.2 页岩气开发简化模型

7.2.1 几何模型

典型的页岩气井，通常由竖井及水平井段组成。一个竖井可通过定向钻井技术产生好几个分支，在到达页岩储层后开始进行水平井段的施工。在水平井段施工完成后，进行水力压裂，为了保证压裂效果、提高页岩气产量，通常进行多段压裂，如图 7-2 所示。简单来说，页岩气井的产量与水力压裂改造的储层体积密切相关。

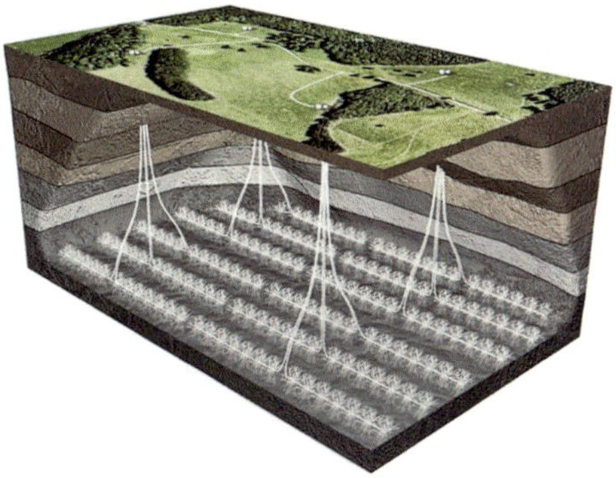

图 7-2　页岩气生产井示意图

假设页岩气储层深度为 1 500 m，页岩储层厚度为 90 m，水平井的长度为 1 000 m，单个水力压裂裂缝的延伸宽度为 168 m。为了简化分析，取其中一个水平井段中的一个压裂区域进行分析，如图 7-3 所示。该区域为相邻两条水力压裂裂缝间的区域，假设该区域的长为 50 m，即为两条相邻裂缝的间距。高度为 45 m，假设为储层厚度的一半。垂直纸面方向的深度为 84 m（为水力压裂裂缝的半宽）。假设垂直纸面方向页岩性质均匀，为计算方便，采用二维模型来研究页岩气的产出规律。有限元网格的划分采用 COMSOL 中自带的自适应网格。

7.2.2　控制方程及控制参数

假设页岩储层上层岩石的压力梯度为 2.3×10^{-3} MPa/m，通过换算，1 500 m 处页岩储层的围压为 34.5 MPa。初始页岩储层的气体压力设为 30 MPa。边界条件如图 7-4 所示，图中左右两个边界设为恒压流出边界，压力设为 10 MPa，上下两条边界设为不流动边界。在计算过程中，围压保持不变，储层孔隙压力随着气体的产出而下降。图中红色部分为围压条件，蓝色部分为气体压力条件。采用达西定理来描述页岩气在页岩基质内的产出过程：

$$Q=\frac{kA}{\mu}\nabla p \tag{7-2}$$

通常来说，水力压裂裂缝的渗透率要比页岩基质的渗透率高出许多数量级，

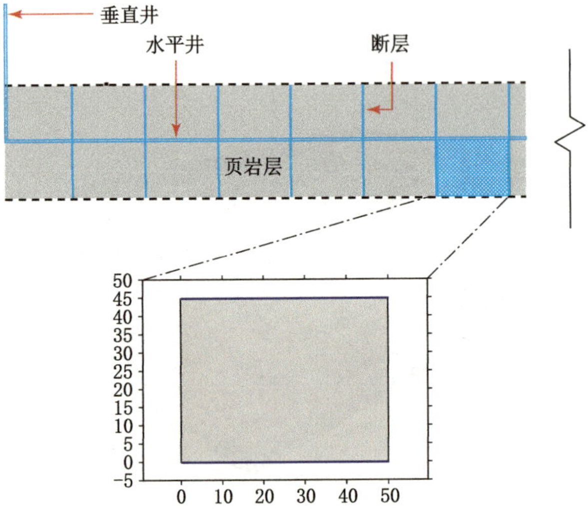

图 7-3　页岩水平井分析区域示意图

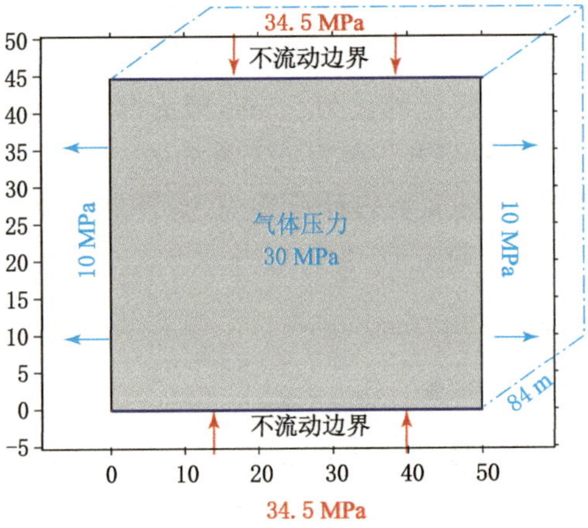

图 7-4　边界条件示意图

因此在计算中假设页岩气从基质产出后便可自由通过水力压裂裂缝进而流入生产井中产出。与前人研究不同，采用达西定律描述岩石基质内流体的流动时，考虑渗透率为变量而非恒定值。采用前一章基于 TPHM 推导得到的渗透率随有效应力的公式来描述渗透率的变化，有效应力为 34.5 MPa 减去气体压力。渗透率随有效应力的变化如图 7-5 所示。图中红色部分为硬的部分贡献的渗透率，黑色部分为软的部分贡献的渗透率。模拟中所用的材料参数见表 7-1。

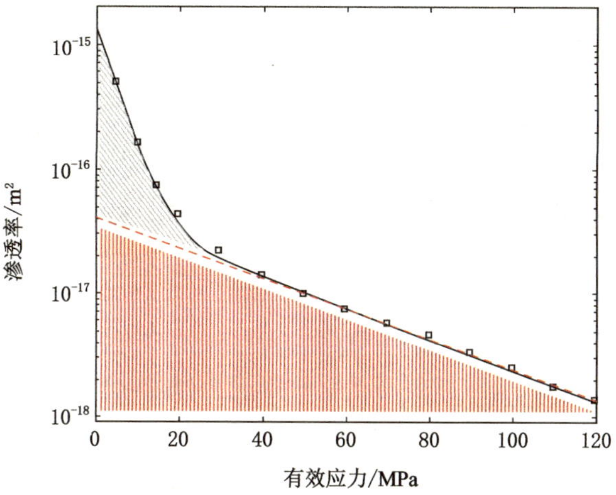

图 7-5　渗透率随有效应力的变化规律

表 7-1　页岩气产量数值模拟中输入的材料参数

黏度/(Pa·s)	1.12×10^{-5}
渗透率/m²	$k=k_{e,0}\exp[-\beta C_e\varphi_{e,0}\sigma]+\alpha\left[\gamma_t\exp\left(-\frac{\sigma}{K_t}\right)\right]^m$
$k_{e,0}$/m²	10^{-20}
$\beta C_e\varphi_{e,0}$/MPa^{-1}	1.37×10^{-2}
α/m²	10^{-16}
γ_t	0.49
K_t/MPa	8.09
m	3

7.3　页岩气开发产出分析

通过数值计算，可以获得一系列储层参数，如储层内的压力情况，速度场的分布、产量曲线等。图 7-6 给出了不同生产时间后页岩储层的压力情况。由压力分布图可以看出：气井生产 5 天后，仅靠近裂缝（即两条流出边界）的压力产生

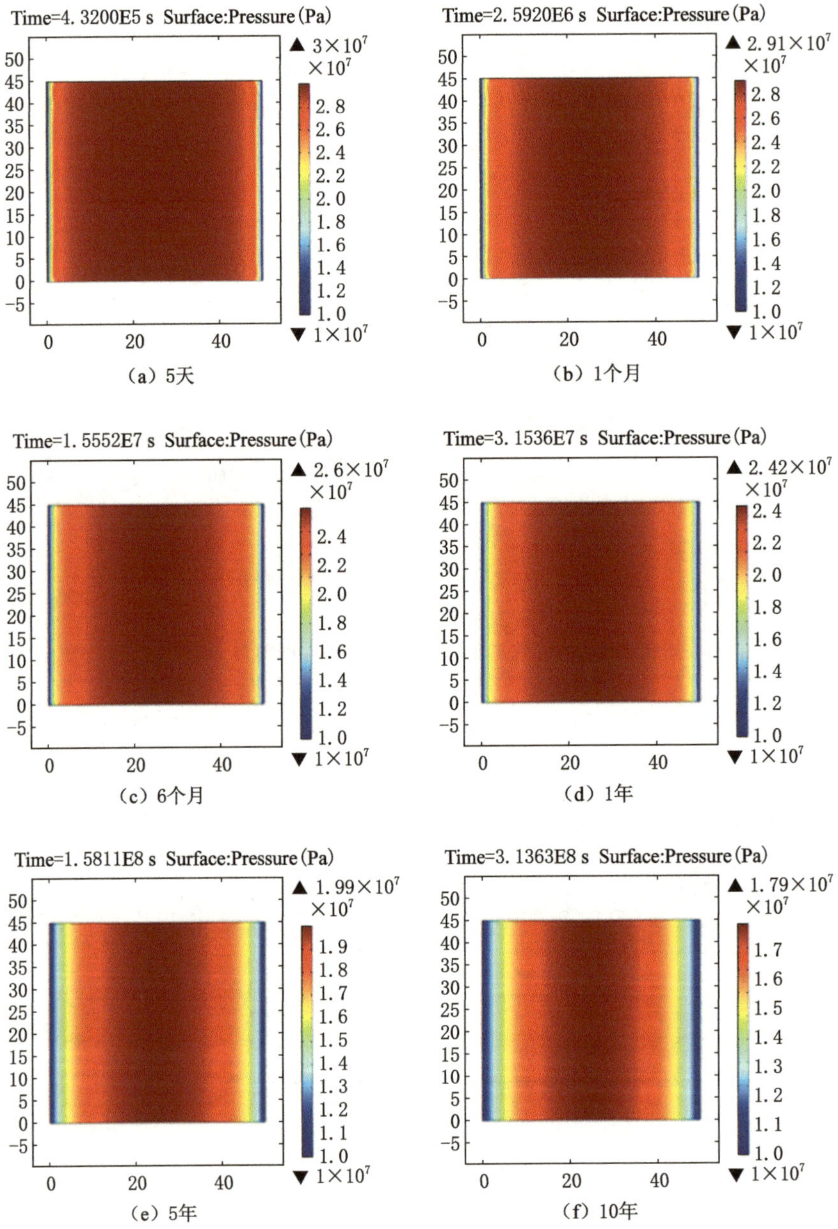

图 7-6　不同生产时间区块内的气体压力

的较大变化。随着生产的进行，研究区块内的气体压力逐渐减小。即使经过了10 年的生产，区块中央的气体压力依旧为 17.89 MPa，高于产出井内的压力(10 MPa)。这说明，由于页岩极低的渗透率以及随着有效应力增加渗透率继续减小的特点，要进行页岩气的有效开发，需要布置高密度的压裂裂缝，即目前较流行的多段压裂，对储层进行较大规模的体积改造。Bazant 等[34]在研究报告中指出，当前典型的页岩气井产出量为气藏储量的 5%～15%。通过页岩气产量反推储层的压裂效果得到，储层内压裂微裂纹间距应该在厘米量级。应该指出的是，本章研究对象是两条主要水力压裂裂纹间的大区块，通过 TPHM 考虑区块整体的不均匀性及其中的微裂纹的影响，而不涉及其中微裂纹的具体几何分布及单个微裂纹的影响。

通过计算，得到了区块左右两侧流体出口处的流速。对流速进行积分，得出了每一时刻裂缝处的气体流量。结合裂缝的数量和主裂缝的几何尺寸，可以进一步计算得到井口的总气体流量。值得注意的是，井口压力为 10 MPa，通过理想气体公式加以换算获得了常压条件下产出气体的体积，并获得了不同时刻页岩气井的日产量。图 7-7(a)和(b)分别给出了时间跨度为 1 年和 10 年的页岩气井产量曲线。从图中可以看出，在生产初期的几天内，页岩气产量迅速下降，其中主要的原因是裂缝壁周围气体压力降低，以及随之导致的渗透率大幅下降。

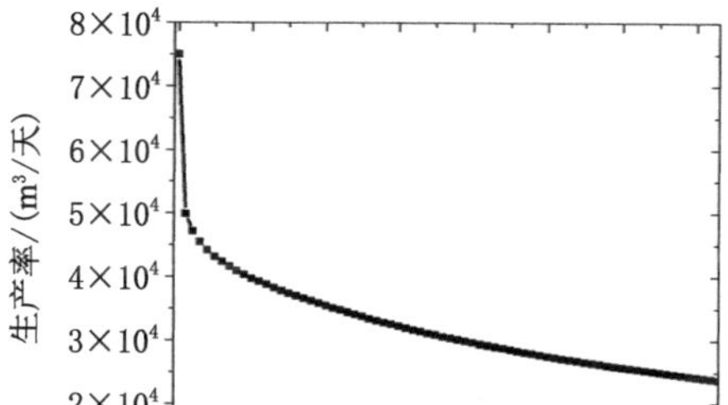

(a) 1年

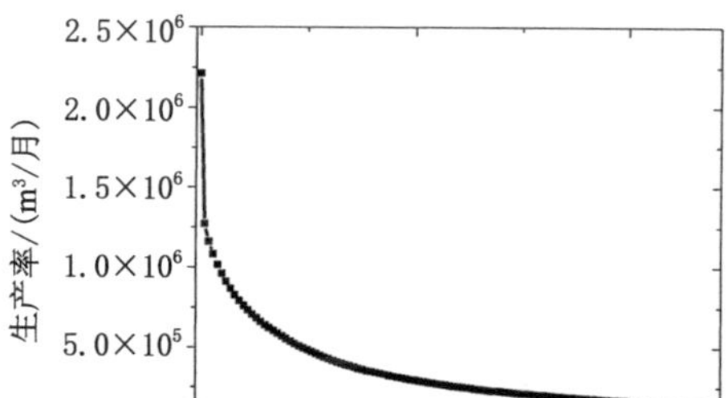

(b) 10年

图 7-7　不同时间跨度页岩气的产量

为了分析渗透率作为变量对页岩气井产量的影响，对比了当前模拟结果与考虑渗透率为恒定值的计算结果，如图 7-8 所示。在恒定渗透率模型中，渗透率设定为表 7-1 中有效应力为 24.5 MPa 时渗透率的计算结果，其他参数保持不变。从图中可以看出，两者生产曲线表现出了一定的相似性，都表现出了随着生产的进行产量降低的现象，这说明储层压力的降低是页岩气产量递减的主要原因。同时二者又有一定的差异，主要表现为应力相关渗透率模型在最初的生产阶段表现出了很快的产量下降。随着时间的流逝，产量下降变缓，在较高的生产率上保持较长的时间。这主要是在裂缝周围区域储层压力降低、有效应力升高引起的渗透率急剧下降导致的。

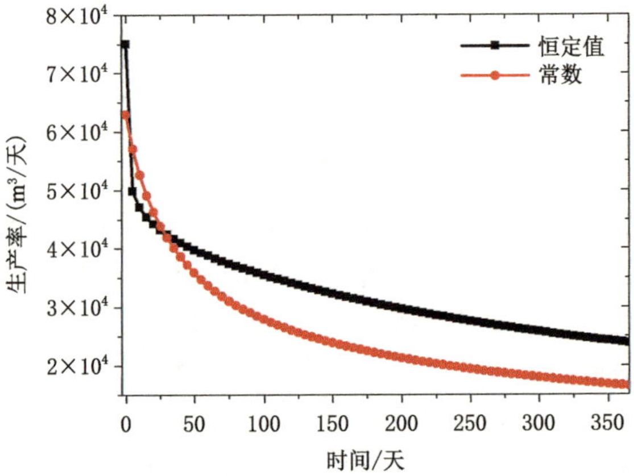

图 7-8 采用有效应力相关渗透率和恒定渗透率的计算结果对比

7.4 本章小结

本章介绍了页岩气井产量递减曲线，并通过有限元方法模拟了页岩气井的产出规律。在有限元计算模型中，结合了 TPHM 推导的渗透率与有效应力的关系，模拟得到了研究区块内储层压力随页岩气开采逐渐降低的规律，以及单口页岩气井的生产曲线。此外，对比了应力相关渗透率模型和恒定渗透率模型的页岩气井产量曲线，应力相关渗透率模型表现出了在生产初期产量迅速下降以及较长的生产年限的特征。通过分析指出，为了更准确地描述页岩气井的生产曲线，应充分考虑渗透率随有效应力变化的动态特性。本章的内容同时也展示了 TPHM 模型在实际工程中的一次应用实例，为模型的实际推广提供了验证依据。

参考文献

[1] CIPOLLA C L，LOLON E P，ERDLE J C，et al.Reservoir modeling in shale-gas reservoirs[J].SPE reservoir evaluation and engineering，2010，13(4)：638-653.

[2] JACKSON R B, VENGOSH A, CAREY J W, et al. The environmental costs and benefits of fracking[J]. Annual review of environment and resources, 2014, 39: 327-362.

[3] 谷佳诚，高桂云，周昊，等.页岩气开采诱发地震的主要机理与影响因素[J].震灾防御技术，2024，19(3)：514-525.

[4] 赵鹏，朱海燕，张丰收.CO_2增强页岩气开采及地质埋存的三维数值模拟[J].天然气工业，2024，44(4)：104-114.

[5] 高岳，王涛，严子铭，等.页岩气高效开采中钻井完井和水力压裂的关键力学问题[J].力学学报，2022，54(8)：2248-2268.

[6] 卢义玉，周军平，鲜学福，等.超临界 CO_2 强化页岩气开采及地质封存一体化研究进展与展望[J].天然气工业，2021，41(6)：60-73.

[7] VIDIC R D, BRANTLEY S L, VANDENBOSSCHE J M, et al. Impact of shale gas development on regional water quality[J]. Science, 2013, 340(6134): 1235009.

[8] HOWARTH R W, INGRAFFEA A, ENGELDER T. Should fracking stop?[J]. Nature, 2011, 477(7364): 271-275.

[9] BAIHLY J, ALTMAN R, MALPANI R, et al. Shale gas production decline trend comparison over time and basins[C]//SPE Annual Technical Conference and Exhibition. September 19-22, 2010. Florence, Italy. SPE, 2010.

[10] FETKOVICH M J. Decline curve analysis using type curves[J]. Journal of petroleum technology, 1980, 32(6): 1065-1077.

[11] FETKOVLCH M J, BRADLEY M D, WORKS A M, et al. Depletion performance of layered reservoirs without crossflow[J]. SPE formation evaluation, 1990, 5(3): 310-318.

[12] ILK D, RUSHING J A, PEREGO A D, et al. Exponential vs. hyperbolic decline in tight gas sands: understanding the origin and implications for reserve estimates using arps' decline curves[C]//SPE Annual Technical Conference and Exhibition. September 21-24, 2008. Denver, Colorado, USA. SPE, 2008.

[13] JONGKITTINARUKORN K, LAST N C, KABIR C S. Decline-curve analysis with decline rate for improving reserves estimation in gas reservoirs[J]. Gas science and engineering, 2023, 116: 205044.

[14] CLARKSON C R. Production data analysis of unconventional gas wells: workflow[J]. International journal of coal geology, 2013, 109/110: 147-157.

[15] SHARMA P, AL SAEDI A, KABIR C S. Assessing the hyperbolic trend

in well response involving pressure,fluid and heat-flow rates[J].Journal of natural gas science and engineering,2020,78:103292.

[16] KONG B,CHEN S N,CHEN Z,et al.Bayesian probabilistic dual-flow-regime decline curve analysis for complex production profile evaluation[J]. Journal of petroleum science and engineering,2020,195:107623.

[17] SHABIB-ASL A,PLAKSINA T.Selection of decline curve analysis model using Akaike information criterion for unconventional reservoirs [J]. Journal of petroleum science and engineering,2019,182:106327.

[18] SHARMA P,SALMAN M,REZA Z,et al.Probing the roots of Arps hyperbolic relation and assessing variable-drive mechanisms for improved DCA[J].Journal of petroleum science and engineering,2019,182:106288.

[19] OZKAN E,BROWN M,RAGHAVAN R,et al.Comparison of fractured-horizontal-well performance in tight sand and shale reservoirs[J]. SPE reservoir evaluation and engineering,2011,14(2):248-259.

[20] OZKAN E,RAGHAVAN R,APAYDIN O G.Modeling of fluid transfer from shale matrix to fracture network[C]//SPE Annual Technical Conference and Exhibition.September 19-22,2010.Florence,Italy.SPE,2010.

[21] JAVADPOUR F, FISHER D, UNSWORTH M. Nanoscale gas flow in shale gas sediments[J].Journal of Canadian petroleum technology,2007, 46(10):55-61.

[22] CHO Y,APAYDIN O G,OZKAN E.Pressure-dependent natural-fracture permeability in shale and its effect on shale-gas well production[C]//SPE Annual Technical Conference and Exhibition.October 8-10,2012.San Antonio,Texas,USA.SPE,2012.

[23] CIPOLLA C L, LOLON E P, ERDLE J C, et al. Reservoir modeling in shale-gas reservoirs[C]//All Days. September 23-25, 2009. Charleston, West Virginia,USA.SPE,2009.

[24] WANG C.Pressure transient analysis of fractured wells in shale reservoirs [J].Dissertations and theses gradworks,2013(1):1544672.

[25] SHABRO V,TORRES-VERDIN C,JAVADPOUR F.Numerical simulation of shale-gas production:from pore-scale modeling of slip-flow,Knudsen diffusion, and Langmuir desorption to reservoir modeling of compressible fluid[C] // North American Unconventional Gas Conference and Exhibition. June 14-16, 2011.The Woodlands,Texas ,USA.SPE,2011.

[26] BAIHLY J, ALTMAN R, MALPANI R, et al. Shale gas production decline trend comparison over time and basins[C]//SPE Annual Technical Conference and Exhibition. September 19-22, 2010. Florence, Italy. SPE, 2010.
[27] WU J, GAN Y X, SHI Z, et al. Pore-scale lattice Boltzmann simulation of CO_2-CH_4 displacement in shale matrix[J]. Energy, 2023, 278: 127991.
[28] CAI X W, LI D Y, ZHANG D F. Methane adsorption and desorption on a deep shale matrix under simulative reservoir temperature and pressure [J]. Energy and fuels, 2022, 36(19): 11888-11902.
[29] WEI M Q, DUAN Y G, FANG Q T, et al. Mechanism model for shale gas transport considering diffusion, adsorption/desorption and Darcy flow[J]. Journal of Central South University, 2013, 20(7): 1928-1937.
[30] WEI S M, JIN Y, XIA Y, et al. Studies on gas behaviors in a shale matrix [J]. Journal of porous media, 2021, 24(4): 37-54.
[31] WANG H, QU Z G, YIN Y, et al. Review of molecular simulation method for gas adsorption/desorption and diffusion in shale matrix[J]. Journal of thermal science, 2019, 28(1): 1-16.
[32] BLASINGAME T A. The characteristic flow behavior of low-permeability reservoir systems[C]//Society of Petroleum Engineers Unconventional Reservoirs Conference, 2012.
[33] BELLO R, WATTENBARGER R. Multi-stage hydraulically fractured horizontal shale gas well rate transient analysis[C]//Proceedings of North Africa Technical Conference and Exhibition. February 14-17, 2010. Society of Petroleum Engineers, 2010.
[34] BAZANT Z P, SALVIATO M, CHAU V T. Why fracking works and how to optimize it[J]. Physics, 2014(2): 118565679.